BIBLIOTHÈQUE PHILIPPART

ÉLÉMENTS

DE

GÉOMÉTRIE

PAR

M. E. BÈDE

Docteur ès sciences mathématiques et physiques.

N. J. P.

A PARIS

CHEZ N. J. PHILIPPART, ÉDITEUR
4 — Rue Honoré-Chevalier — 4

ET DANS LES DÉPARTEMENTS
CHEZ TOUS LES LIBRAIRES

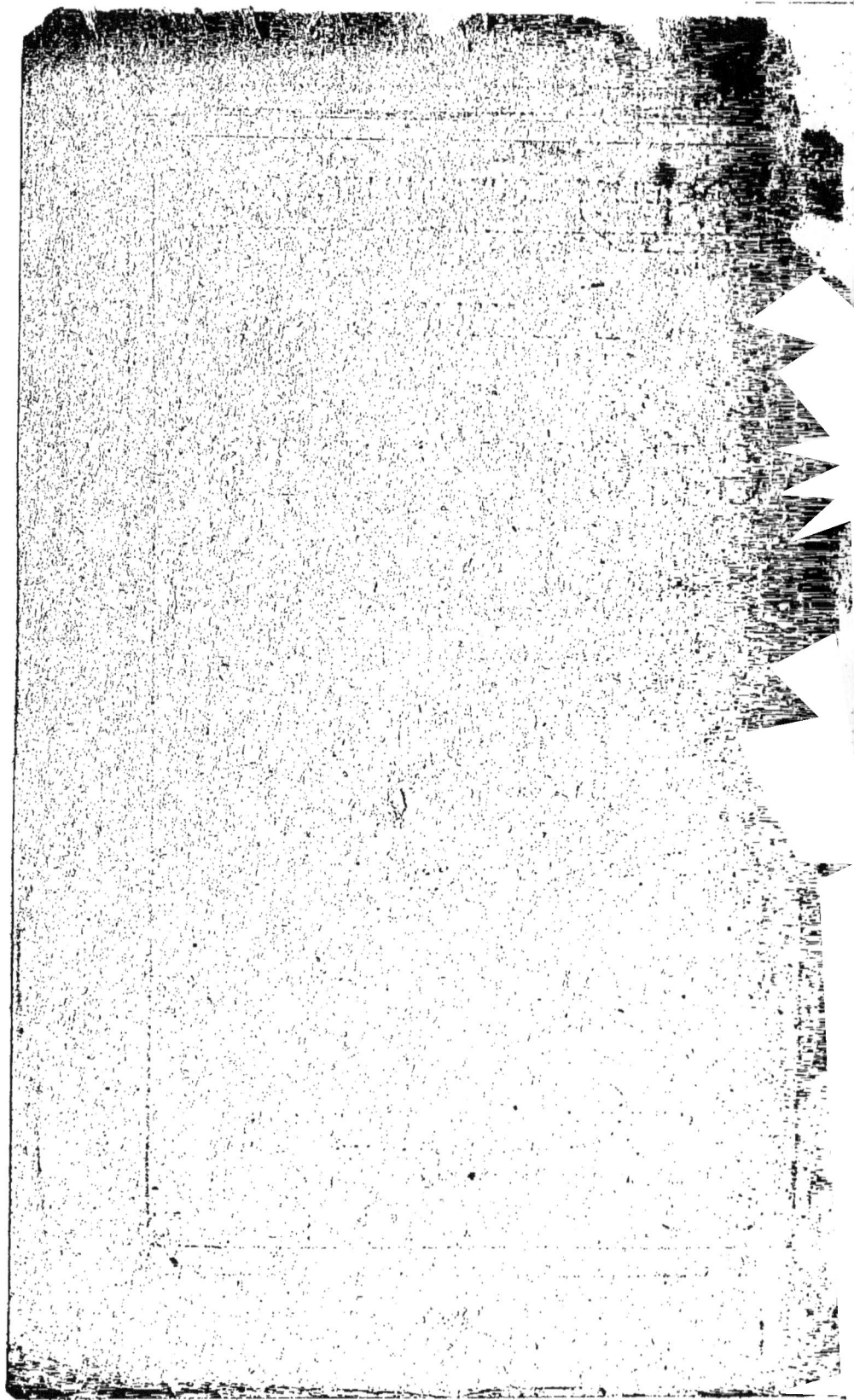

ÉLÉMENTS

DE

GÉOMÉTRIE

PAR

M. E. BEDE

DOCTEUR ÈS SCIENCES PHYSIQUES ET MATHÉMATIQUES.

PARIS

N.-J. PHILIPPART, ÉDITEUR

4, rue Honoré-Chevalier

ET DANS LES DÉPARTEMENTS

CHEZ TOUS LES LIBRAIRES.

1862

TABLE

C.

ÉLÉMENTS

DE

GÉOMÉTRIE

CHAPITRE PREMIER

1. **La** Géométrie a pour but la mesure de l'étendue. L'étendue d'un corps est la portion de l'espace occupé par ce corps. Elle a trois dimensions : longueur, largeur, hauteur ou profondeur. On appelle :

Corps ou *solide*, ce qui réunit ces trois dimensions;

Surface, ce qui ne réunit que largeur et longueur : c'est la limite extérieure de tout corps;

Ligne, ce qui n'a qu'une dimension, la longueur : c'est la limite d'une surface;

Enfin, un *point* n'a pas de dimensions; c'est la limite d'une ligne : ainsi les extrémités d'une ligne sont des points.

2. Quand on dit qu'un point n'a pas de dimensions on parle tout à fait rigoureusement, mathématiquement. Cependant, pour mieux concevoir tout ce qui va suivre, il vaut mieux admettre (et c'est encore une idée mathématique) que le point occupe une portion infiniment petite dans l'espace, c'est-à-dire une portion plus petite que tout ce que nous pouvons nous figurer; on conçoit alors qu'en mettant à la suite l'un de l'autre une infinité (c'est-à-dire un nombre plus grand que quelque nombre que ce soit) de ces points infiniment petits et infiniment rappro-

chés, ils formeront une ligne; de même, si nous supposons aux lignes une largeur infiniment petite, en en plaçant l'une contre l'autre dans le sens de cette largeur un
nombre infini, on formera une surface qui aura une longueur et une largeur finies, c'est-à-dire réelles : il ne
restera plus que la hauteur (dans le sens d'épaisseur)
d'infiniment petite. Enfin, si nous superposons l'une sur
l'autre, dans le sens de cette hauteur, des surfaces infiniment rapprochées, nous aurons ainsi un corps ou solide
qui aura longueur, largeur et hauteur.

On voit ainsi comment le point, la ligne, la surface et
le solide se lient l'un à l'autre. Cette idée de l'infiniment
petit et de l'infiniment grand paraît au premier abord difficile à saisir; mais, en y réfléchissant un peu, on finit par
la trouver fort simple. D'ailleurs on l'admet presque con-
stamment sans s'en douter : on l'admet en faisant un
point avec le bout d'une plume; on fait ce point le plus
petit possible, mais cependant existant; on l'admet encore
lorsqu'on fait une ligne, car le tracé d'une ligne revient
à laisser tomber l'une à la suite de l'autre une infinité
de petites taches, de manière qu'elles ne forment qu'une
trace continue. J'insiste sur cette idée afin qu'on ne la
repousse pas comme trop abstraite pour un enseignement
élémentaire.

3. On distingue trois espèces de lignes : La *ligne droite*
ou simplement *la droite* se conçoit mieux qu'elle ne se
définit. C'est le plus court chemin entre deux points A et B
(fig. 1). Comme ces deux points la déterminent complé-
tement, on indique cette droite simplement par AB. Une
ligne composée de plusieurs lignes droites s'appelle *ligne
brisée :* on l'indique par les lettres qui marquent les extrémités des droites composantes; telle est la ligne ACDB
(fig. 1). Enfin toute ligne qui n'est ni droite ni brisée
est une *ligne courbe ;* on l'indique généralement par trois
lettres : telle est la ligne AMB (fig. 1).

4. A la ligne droite correspond la *surface plane* ou le
plan ; c'est la seule surface sur laquelle on puisse entièrement appliquer une ligne droite dans tous les sens, ou,

ce qui revient au même, c'est une surface telle, qu'en joignant deux de ses points par une ligne droite, celle-ci y soit contenue tout entière.

Toute surface qui n'est ni plane ni composée de surfaces planes est une *surface courbe*.

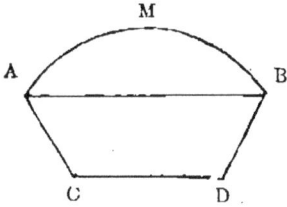

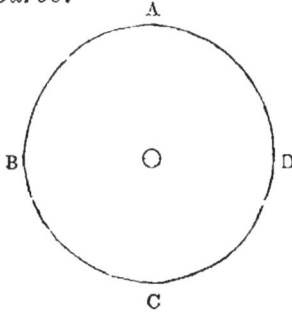

Fig. 1.   Fig. 2.

5. Toute ligne qui peut être entièrement contenue dans un plan, par conséquent toute ligne tracée sur une surface plane est une *ligne plane*. Parmi les lignes courbes planes il y en a une fort remarquable, et c'est la seule dont nous nous occuperons; on l'appelle *circonférence de cercle*, ou simplement *circonférence*; c'est une ligne dont tous les points sont à la même distance d'un point intérieur O que l'on appelle centre. Telle est la ligne ABCD (fig. 2). C'est la ligne que l'on trace en faisant tourner un compas dont l'ouverture reste la même et dont une des pointes reste fixe en un point, qui est alors le centre de la circonférence.

§ 1. LIGNES DROITES.

6. Les droites sont nécessairement des lignes planes. Deux droites menées dans un même plan et suffisamment prolongées doivent en général se rencontrer; parfois il arrive que, prolongées aussi loin que l'on veut, elles ne se rencontrent pas. Ce sont alors deux droites *parallèles*. Lorsque deux droites se coupent, on appelle *angle* leur écartement plus ou moins grand.

On l'énonce par trois lettres, en ayant soin de mettre au milieu la lettre qui se trouve au point d'intersection : ainsi l'on dira l'angle BAC ou CAB ; le point A est appelé sommet, et les lignes AB, AC, côtés de l'angle.

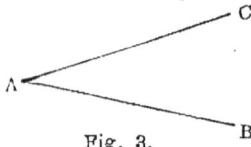

Fig. 3.

7. Lorsqu'une droite ED en rencontre une autre AB au point D, par exemple, elle forme avec elle deux angles EDA, EDB (fig. 4), qu'on nomme adjacents ; si ces deux angles sont parfaitement égaux, c'est-à-dire si la ligne ED ne penche pas plus vers le point A que vers le point B, les deux angles sont appelés *droits*, et la ligne ED est dite *perpendiculaire* sur AB.

L'angle CDB, plus petit que l'angle droit EDB, se nomme angle *aigu,* et l'angle CDA, plus grand qu'un angle droit, est appelé *obtus.*

8. Tous les angles droits sont égaux entre eux.

Quoique leur égalité puisse être démontrée de la manière la plus scrupuleuse, nous nous contenterons ici de l'énoncer comme évidente.

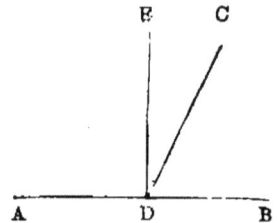

Fig. 4.

9. La somme de deux angles adjacents vaut deux angles droits.

En effet, si nous considérons les deux angles ADC, CDB (fig. 4), on remarque que l'élévation de la perpendiculaire DE les décompose en trois angles ADE, EDC, CDB : or, le premier, ADE, est droit, et les deux autres réunis forment l'angle droit EDB : donc, etc.

On voit que, réciproquement, si deux angles adjacents forment deux angles droits, les côtés extérieurs sont en ligne droite, comme, par exemple, dans la figure 5, les angles ADD et EDB.

Il est inutile de développer plus longuement des théorèmes qu'on ne fait aucune difficulté pour admettre comme axiomes.

0. Il découle des numéros précédents que la somme des angles ADE, EDF, FDC, CDB, formés au même point D de la droite AB, et du même côté de cette droite, valant les deux angles ADC, CDB, est égale à deux droits (fig. 5).

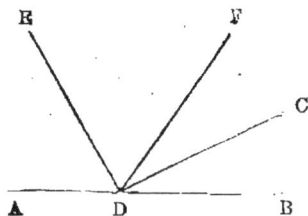

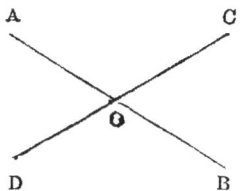

Fig. 5.   Fig. 6.

11. Lorsque deux droites se coupent, les angles opposés au sommet sont égaux.

Avant de démontrer cette vérité, rappelons que deux quantités égales à une troisième sont égales entre elles, et que si de deux quantités égales on retranche la même quantité, les restes seront égaux.

Pour prouver maintenant que les deux angles AOD, COB, (fig. 6), sont égaux entre eux, je dirai : la somme AOD + AOC = deux angles droits; il en est de même de la somme COB + AOC, n° 9. Si des deux sommes égales on retranche l'angle commun AOC, les restes AOD, COB, seront égaux. Ce qu'il fallait démontrer.

§ 2. TRIANGLES.

On entend par triangle la portion de plan comprise entre trois droites qui se coupent. Un triangle a trois côtés et trois angles.

12. Deux triangles qui ont un angle égal, et les deux côtés qui le forment égaux chacun à chacun, sont égaux.

Supposons (fig. 7 et 8) que l'angle A soit égal à l'angle D, le côté AB égal au côté DE, et le côté AC = DF. Couvrons le côté AB avec son égal DE; l'angle D étant égal à l'angle A, le côté DF couvrira exactement AC, puisqu'il lui est égal : par conséquent le troisième côté EF tombera sur BC qui lui sera égal.

13. Deux triangles sont égaux quand ils ont un côté égal et les angles adjacents égaux chacun à chacun (fig. 7 et 8).

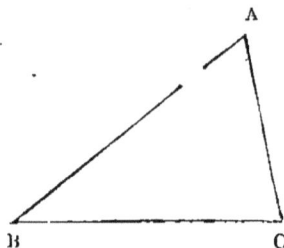 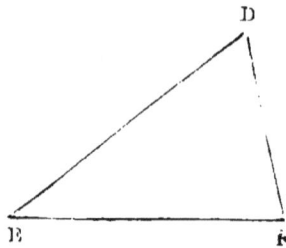

Fig. 7.   Fig. 8.

Soit le côté BC = EF, l'angle B = E et l'angle C = F.

Couvrons le côté EF avec son égal BC : l'angle B étant égal à l'angle E, le côté BA tombera sur le côté ED, et le point A sera sur la direction ED; pour une raison exactement semblable il devra se trouver sur la direction FD : donc il tombera sur le point D, et le triangle ABC couvrira exactement le triangle DEF. (C. Q. F. D. [1].)

14. Si deux côtés AB, AC, du triangle ABC, sont égaux aux deux côtés DE, DF, du triangle DEF (fig. 9 et 10), si de plus l'angle BAC, formé par BA et AC, est plus grand que l'angle EDF formé par DE et DF, le troisième côté BC sera plus grand que EF.

Pour le prouver, je tire par le point A la ligne AH = DE, de manière que l'angle CAH soit égal à EDF. Je tire la ligne CH, et (n° 12) les deux triangles CAH, DEF, sont égaux : par conséquent le côté CH = EF. Il nous suffit donc de prouver que le côté CH est plus petit que BC; pour cela, traçons AG de manière à diviser l'angle BAH en deux parties égales, et tirons GH : comme les angles BAG, GAH, doivent être égaux et que l'angle BAG > CAH, la ligne AG devra tomber dans l'intérieur de l'angle BAC et coupera par conséquent le côté BC en un point situé entre B et C.

1. Les quatre lettres C. Q. F. D. expriment la formule « *ce qu'il fallait démontrer.* »

Les triangles BAG, GAH, sont égaux (n° 12) : donc les côtés BG, GH, sont égaux. Or, la ligne droite mesurant le plus court chemin d'un point à un autre, on a GH plus petit que GC + CH ou bien plus petit que CG + GB ou BC. (C. Q. F. D.)

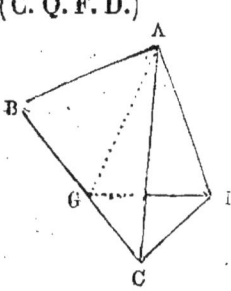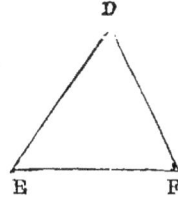

Fig. 9.   Fig. 10.   Fig. 11.   Fig. 12.

15. Il est facile de déduire du n° 14 que si deux triangles ont les trois côtés égaux chacun à chacun, leurs angles le seront aussi, et par conséquent les deux triangles seront égaux. Je dis que l'angle A = D (fig. 11 et 12).

En effet, s'il était plus grand, les côtés AB, AC, étant égaux aux côtés DE, DF, il faudrait (n° 14) que BC fût plus grand que le côté EF, ce qui n'a pas lieu. S'il était plus petit, il faudrait, pour la même raison, que BC fût plus petit que EF, ce qui n'a pas lieu : donc A, ne pouvant être ni plus grand ni plus petit que D, doit lui être égal : donc les deux triangles sont égaux. (C. Q. F. D.)

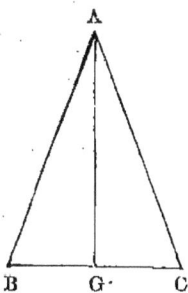

Fig. 13.

16. On appelle triangle *isocèle* (fig. 13) celui qui a deux côtés égaux; le troisième côté se nomme base, et l'angle qui lui est opposé sommet.

Dans tout triangle isocèle les angles opposés aux côtés égaux sont égaux. Ainsi, pour prouver que C = B, on joint le sommet A au milieu de la base, et l'on a ainsi deux triangles AGB, AGC, égaux, comme ayant leurs côtés égaux chacun à chacun; donc B = C. (C. Q. F. D.)

17. On voit que la ligne AG divise l'angle BAC en deux ·

parties égales et qu'elle est perpendiculaire sur la base
BC (n° 7), puisque les deux angles adjacents qu'elle y
forme sont égaux.

18. On appelle triangle *équilatéral* (fig. 14) celui qui a

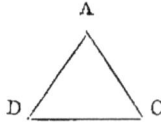

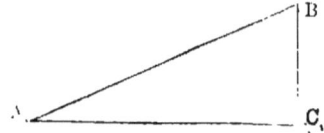

Fig. 14.   Fig. 15.

ses trois côtés égaux. Il en résulte que les trois angles
d'un triangle équilatéral sont égaux.

19. Tout triangle dont un des trois angles est droit est
appelé triangle *rectangle* (fig. 15). Le côté AB, opposé à
l'angle droit, est appelé *hypoténuse*.

Il résulte des n° 8 et 12 que si les deux côtés de l'angle
droit sont égaux chacun à chacun dans deux triangles rectangles, ces deux triangles sont égaux.

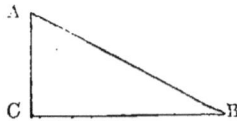

Fig. 16.   Fig. 17.

De même des n° 8 et 13 il résulte que deux triangles
rectangles ABC, DEF, sont égaux lorsque les côtés BC, EF,
sont égaux ainsi que les angles non droits y adjacents,
ABC, DEF. Il en est de même lorsque l'on a AC=DF, et
BÂC=EDF (fig. 16 et 17).

Nous verrons plus loin d'autres cas d'égalité des triangles rectangles, ainsi que des triangles quelconques.

§ 3. PERPENDICULAIRES ET OBLIQUES.

20. On ne peut, par un même point pris sur une droite,
élever qu'une seule perpendiculaire à cette droite : car, si
l'on pouvait en élever deux CD, CI, les deux angles ACD,
ACI, seraient droits et devraient être égaux (n° 8), ce qui

e peut avoir lieu, puisque l'un n'est qu'une partie de
autre (fig. 18).

21. D'un point A donné hors d'une droite BC on ne peut
baisser qu'une perpendiculaire sur cette droite (fig. 19).

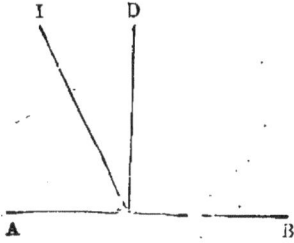

Fig 18.

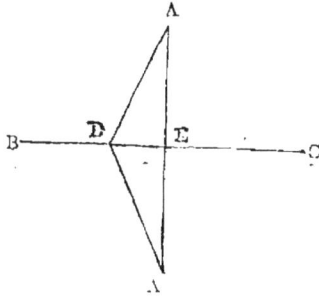

Fig. 19.

En effet, supposons qu'on puisse en abaisser deux, AE
AD. Puis imaginons que la figure ADE, tournant autour
BC comme charnière, vienne se rabattre au-dessous de
tte ligne, et sur le même plan. Le point A prend la
sition A'; AE vient en EA' et AD en DA'. Dans la figure
DA'E, AE étant perpendiculaire sur BC, l'angle AED est
oit, l'angle A'ED est aussi droit, puisqu'il est la repro-
ction de AED, donc AED + A'ED = 2 droits et la ligne
EA' est droite (n° 9), de même ADE étant un angle droit
, cause de la perpendiculaire AD), son égal A'DE est
ssi droit, ADE + A'DE = 2 droits, et la ligne ADA' serait
oite. Entre les points A et A' on pourrait donc mener
ux lignes droites, ce qui est impossible (3). Il est donc
alement impossible d'abaisser deux perpendiculaires
un même point sur la même droite.

22. La perpendiculaire AB est toujours plus courte qu'une
lique quelconque. En prolongeant AB (fig. 20) d'une
antité égale BK et joignant CK, il arrive que AC = CK,
isque les deux triangles ABC et CBK sont égaux comme
ant un angle ABC = CBK compris entre deux côtés AB
BK par construction et CB commun : or, la droite AK
ant plus courte que la ligne brisée ACK, AB moitié de AK
ra plus courte que AC moitié de la ligne ACK. (C. Q. F. D.)

23. Il est facile de reconnaître que deux obliques AC, AD, qui s'écartent également du pied B de la perpendiculaire AB, sont égales, et que l'oblique AI, qui s'écarte le plus, est la plus longue (fig. 21).

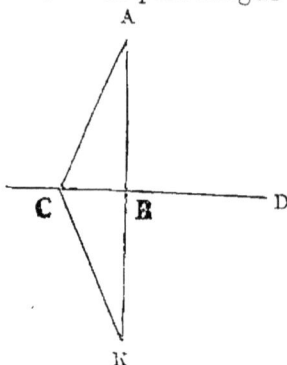

Fig. 20.

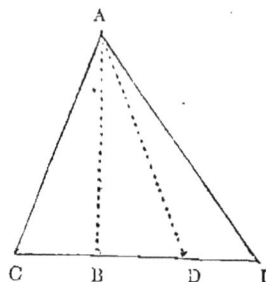

Fig. 21.

24. On déduit des deux numéros précédents deux nouveaux cas d'égalité des triangles rectangles, lesquels nous seront nécessaires dans la théorie suivante.

a) Deux triangles rectangles sont égaux lorsqu'ils ont l'hypoténuse et l'un des angles y adjacents égaux.

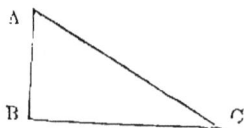

Fig. 22.

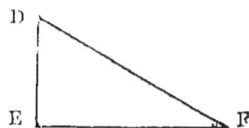

Fig. 23.

Soit BAC=EDF, et AC=DF. Superposons les deux triangles de manière que AC coïncide avec DF; à cause de l'égalité précédente des angles, les côtés AB et DE coïncideront aussi en direction : il faudra alors que les deux autres côtés coïncident aussi en direction ; autrement, du point A où est venu se placer le point D, on pourrait abaisser deux perpendiculaires AB, DE sur la droite BC, coïncidante avec EF, puisque les angles ABC, DEF, sont droits. Ainsi donc, les côtés AC et DF, BC et EF, doivent coïncider : donc les points de rencontre C et F de ces droites coïncideront, et par suite les deux triangles. (C. Q. F. D.)

b) **Deux triangles rectangles** (*b*) **sont égaux lorsqu'ils ont l'hypoténuse et un des côtés de l'angle droit égaux chacun à chacun.** Ainsi (fig. 24 et 25) ADB = A'D'B' et ABC = A'B'C'.

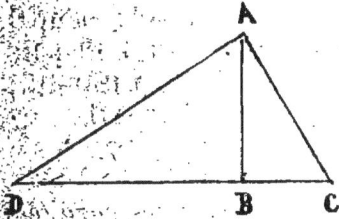 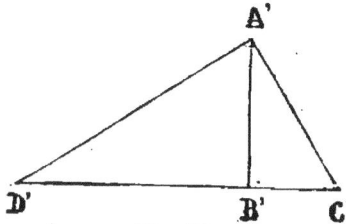

Fig. 24.   Fig. 25.

En effet, si l'on place les deux triangles des figures 22 et 23 l'un à côté de l'autre (fig. 26) en faisant coïncider les côtés égaux AB et DE dans la ligne B'C' (fig. 26), les deux autres côtés AC, DF, devront être égaux, autrement les hypoténuses B'A et B'D seraient deux obliques inégalement écartées du pied C' de la perpendiculaire BC' : elles ne seraient donc pas égales, ce qui est contre l'hypothèse.

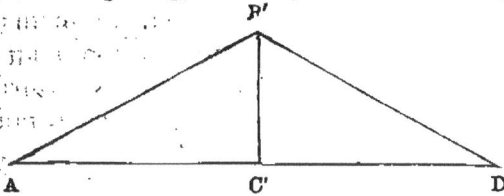

Fig. 26.

25. Si l'on élève une perpendiculaire au milieu d'une droite donnée : 1° tout point de la perpendiculaire est également distant des extrémités de la droite; 2° tout point pris hors de la perpendiculaire est inégalement distant des extrémités de la droite.

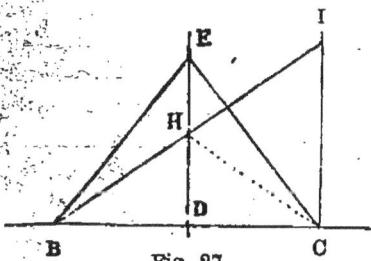

Fig. 27.

1° Soit (fig. 27) une ligne perpendiculaire à BC en son milieu D, je joins le point E, pris quelconque sur cette perpendiculaire, aux extrémités B et C de la ligne BC; EB = EC. En effet, ce sont deux obliques qui s'écartent également du pied de la perpendiculaire (23).

2° Soit le point I situé hors de la perpendiculaire; IC est plus petit que IB. Pour le prouver, je joins le point H où IB rencontre la perpendiculaire, au point C. D'après 1°, HC = HB; mais dans le triangle ICH, on a IC < IH + HC; ce qui revient à IC < IH + HB ou IC < IB. (C. Q. F. D.)

§ 4. PARALLÈLES.

Nous avons dit, n° 6, que l'on appelait droites *parallèles* des droites situées dans un même plan et qui ne peuvent se rencontrer, quelque loin qu'on les prolonge dans les deux sens. Ces droites jouent un grand rôle dans la géométrie; nous allons donner les propositions fondamentales de leur théorie.

26. Si les deux droites AB, CD, sont en même temps perpendiculaires sur la même ligne droite MN (fig. 28), je dis qu'elles sont parallèles : car si elles ne l'étaient pas, prolongées elles finiraient par se rencontrer en un point quelconque O. Il s'ensuivrait alors qu'on pourrait du même point O abaisser deux perpendiculaires sur la même droite, ce qui est impossible (n° 21). Donc, etc., etc.

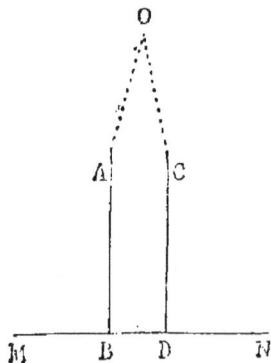

Fig. 28.

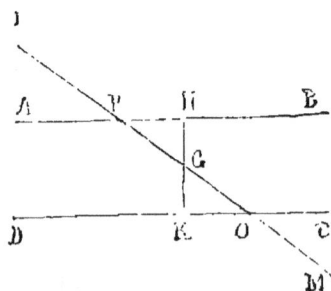

Fig. 29.

27. Lorsque deux droites parallèles AB, DC, sont coupées par une sécante EH (fig. 29), les angles APO, POC, sont égaux

entre eux; il en est de même des angles DOP, OPB. On doit bien remarquer que ces angles ne sont pas adjacents, qu'ils sont situés à droite et à gauche de la sécante et compris entre les parallèles. Ils portent le nom d'angles alternes-internes. Réciproquement, lorsque, deux droites dans le même plan étant coupées par une sécante, les angles alternes-internes sont égaux, les droites sont parallèles.

Du point G, milieu de la droite OP, tirons une per-pendiculaire GH sur AB, que nous prolongerons jusqu'en K. Elle sera aussi perpendiculaire sur CD, en vertu de la réciproque, facile à démontrer, du n° 26. Alors les deux triangles PGH, OGK, seront des triangles rectangles égaux: car leurs hypoténuses PG, GO, sont égales comme étant les moitiés de la droite PO; de plus les deux angles PGH, OGK, seront égaux comme opposés au sommet: donc les deux triangles PGH, KGO, seront égaux en vertu du n° 24, a. Donc les angles GPH et GOK seront égaux, et de là on déduit sans peine les égalités énoncées.

La réciproque se démontre de même; il suffit de prouver que HK perpendiculaire sur AB l'est aussi sur CD, du mo-ment où l'on suppose GPH = GOK. Or, dans ce cas, les deux triangles GPH, GOK, sont égaux, à cause de GP = GO, GPH = GOK, PGH = OGK: donc l'angle GKO est égal à l'angle GHP qui est droit, etc., etc.

De l'égalité des angles alternes-internes DOP et BPO, APO et POC, on déduit celle des angles alternes-externes. Les angles correspondants IPA et POD sont égaux. L'angle IPA = BPO comme opposés par le sommet, mais BPO = POD comme alternes-internes: or deux quantités égales à une troisième sont égales entre elles. Donc IPA = POD. On démontrerait de même que APO = DOM.

28. Deux droites parallèles sont partout situées à la même distance l'une de l'autre.

La distance de deux droites parallèles est la longueur, comprise entre ces deux droites, de leur commune per-pendiculaire. Il faut prouver que cette longueur est la même en deux points quelconques A et B d'une de ces parallèles, c'est-à-dire que, quels que soient A et B, on a toujours AD = BC (fig. 30). A cet effet, il suffit de joindre AC. Alors, en vertu du n° 27, on a : BAC = ACD, et comme l'hypoténuse AC des deux triangles rectangles BAC, CAD, leur est commune, ces deux triangles sont égaux : donc AD = BC. (C. Q. F. D.)

29. On peut démontrer, au moyen des n°ˢ 26 et 27, la proposition suivante, qui est l'une des plus importantes de la géométrie.

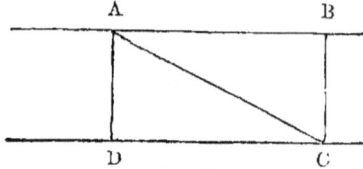

Fig. 30.

La somme des angles d'un triangle quelconque est toujours égale à deux angles droits. En effet (fig. 31), prolongeons BC d'une quantité quelconque CO, et par le point C traçons CD parallèle au côté BA. On voit que l'angle BAC = ACD comme alternes-internes ; la sécante est AC ; de plus l'angle ABC = DCO comme correspondant, la sécante est BO : par conséquent les trois angles du triangle valent les trois angles qui ont leur sommet au point C. Or (n° 9) ces trois angles valent deux droits : donc, etc.

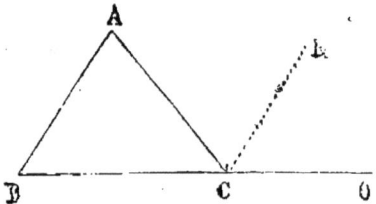

Fig. 31.

30. On doit remarquer que l'angle ACO vaut les deux angles A et B du triangle. Il est formé par le côté AC du triangle ABC, et par CO, prolongement du côté BC. Il porte le nom d'angle extérieur au triangle.

31. Deux angles qui ont les côtés parallèles sont égaux ou supplémentaires.

Je dis que l'angle ABC = DEF (fig. 32). En effet, prolongeons le côté DE jusqu'à la rencontre de BC en K, et nous avons ABC = EKC comme correspondants ; mais DEF = EKC, par la même raison : or deux quantités égales à une troisième sont égales entre elles : donc ABC = DEF. L'angle HEK = DEF comme opposé par le sommet. Donc ABC = HEK.

L'angle DEH est le supplément de DEF, donc il l'est aussi de ABC; il en est de même de l'angle KEF.

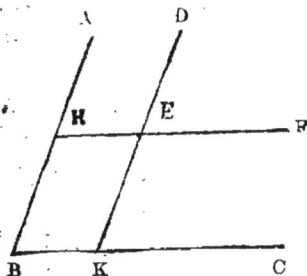

Fig. 32.

En résumé : deux angles qui ont les côtés parallèles et dirigés dans le même sens sont égaux. Ex. : ABC = DEF. Si les côtés parallèles sont dirigés deux à deux en sens contraire, les angles sont encore égaux. Ex. : ABC = HEK. Enfin, si les deux angles ont deux côtés dirigés dans le même sens, et deux en sens contraires, ils sont supplémentaires. Ex. : ABC = DEH.

Polygone.

32. On nomme en général *polygone* une figure plane qui a plusieurs côtés: *triangle* celle qui a trois côtés; *quadrilatère* celle qui en a quatre; *pentagone* celle qui en a cinq; *hexagone* celle qui en a six, etc.

Parallélogramme.

33. On appelle ainsi un quadrilatère dans lequel les côtés opposés sont parallèles. Après avoir tracé la ligne DB, qui

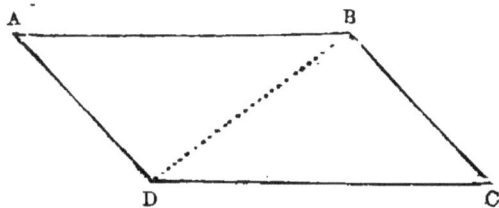

Fig. 33.

porte le nom de *diagonale,* on prouverait sans peine que les côtés opposés et les angles opposés sont égaux; il n'y aurait pour cela qu'à démontrer l'égalité des deux triangles ADB, BDC (fig. 33).

34. Dans tout parallélogramme les deux diagonales se cou

pent mutuellement en deux parties égales. En effet, on voit

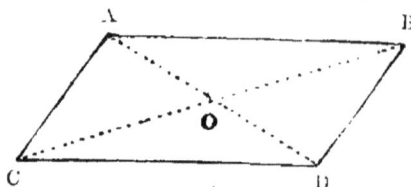

Fig. 34.

(fig. 34) en comparant les deux triangles AOC, BOD, que le côté BD = AC. L'angle OBD = OCA (n° 27), et l'angle ODB = OAC : donc (n° 13) les deux triangles sont égaux. Par conséquent BO = OC et OD = OA. (C. Q. F. D.)

35. Le parallélogramme ABCD, dans lequel les quatre angles sont droits et les côtés adjacents inégaux, se nomme *rectangle* (fig. 35).

Fig. 35.

Fig. 86.

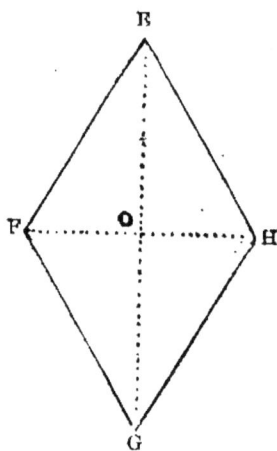

Fig. 37.

On nomme *carré* le rectangle MNPO, dans lequel les quatre côtés sont égaux entre eux (fig. 36).

Le parallélogramme EFGH, dans lequel les quatre côtés sont égaux sans que les angles soient droits, se nomme *losange* (fig. 37).

Dans ces deux derniers cas, les deux diagonales sont perpendiculaires entre elles.

§ 5. DE LA CIRCONFÉRENCE DE CERCLE.

36. Nous avons vu n° 5 ce qu'on appelle *circonférence*

de cercle. Nous allons considérer les propriétés princi-
pales de cette courbe si importante.

Les lignes droites OA, OB, OC, OD, etc., qui vont du
centre à la circonférence, se nomment *rayons.* Tous les
rayons sont donc égaux dans le même cercle (fig. 38).

Toute droite AB qui, passant par le centre, aboutit de
part et d'autre à la circonférence, se nomme *diamètre.*
Tous les diamètres sont doubles du rayon. Ils partagent la
circonférence en deux parties égales.

Une portion de la circonférence se nomme *arc,* et une
ligne droite qui joint les extrémités d'un arc est la *corde*
de cet arc.

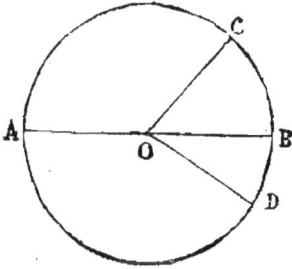
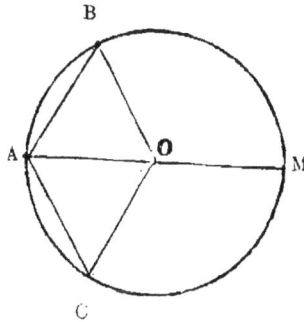

Fig. 38.   Fig. 39.

37. Dans le même cercle, si deux arcs AB, AC, sont
égaux (fig. 39), les cordes qui les sous-tendent sont égales.

En effet, plaçons les deux arcs à la suite l'un de l'autre
comme la figure le représente, et traçons le diamètre AOM.
Si nous faisons tourner la demi-circonférence ACM autour
du diamètre, elle devra s'appliquer sur ABM. Or, l'arc AC
étant égal à l'arc AB, le point C tombera sur B, et alors
nécessairement la corde AC couvrira exactement la corde
AB. (C. Q. F. D.)

38. Supposons actuellement les deux cordes AB, AC,
égales, et prouvons que l'arc AB est égal à l'arc AC. (*Même
figure.*)

Pour cela tirons les rayons OB, OC, et le diamètre AM.
On a deux triangles AOB, AOC, égaux (n° 15) : donc, si
l'on fait tourner le triangle AOC autour de AO, le point C

ira s'appliquer sur B, et l'arc AB sera égal à l'arc AC. (C. Q. F. D.)

39. Tout rayon OM (fig. 40) perpendiculaire à une corde AB partage la corde et l'arc en deux parties égales.

D'abord la corde, parce que, les deux triangles AOI, OIB, étant égaux (n° 24, *b*), le côté AI = IB.

Ensuite l'arc, parce que, les cordes AM, MB, étant égales, par suite de l'égalité des triangles AIM, MIB (n° 19), il en résulte que les arcs AM, MB, sont égaux : donc, etc.

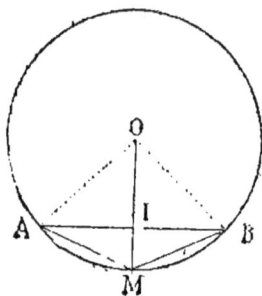 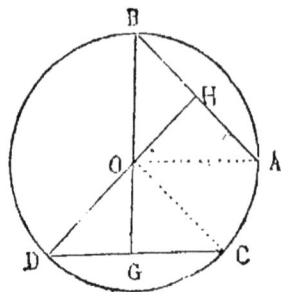

Fig. 40.   Fig. 41.

40. On peut déduire du numéro précédent qu'une perpendiculaire élevée sur le milieu d'une corde doit passer par le centre du cercle.

41. Deux cordes également distantes du centre sont égales (fig. 41).

Il faut prouver que l'on a AB = CD si les perpendiculaires OH, OG, sont égales. On a BH = AH (n° 39), et DG = GC : si donc on prouve que DG = BH, on aura prouvé que 2 DG ou DC = 2 BH ou BA. Or, dans les triangles rectangles OGD, OHB, on a OD = OB (n° 36), et l'on suppose OG = OH : donc ces deux triangles sont égaux, donc DG = BH, etc.

On démontre de même que, réciproquement, deux cordes égales sont également éloignées du centre, et qu'une corde est d'autant plus petite qu'elle en est plus distante.

42. Une droite ne peut rencontrer une circonférence en plus de deux points.

Toute droite qui coupe une circonférence en deux points est une *sécante*.

Toute droite qui ne rencontre une circonférence qu'en un seul point, qui ne fait ainsi que la toucher est une *tangente*.

43. Toute tangente est perpendiculaire au rayon mené au point de contact (au point où la tangente touche la circonférence). En effet, le point de contact doit être le point de la tangente le plus rapproché du centre, autrement la tangente pénétrerait dans la circonférence : par conséquent le rayon mené du centre à ce point doit être la plus courte distance du centre à la tangente, et par suite doit être perpendiculaire à celle-ci (n° 22).

44. Si deux droites parallèles rencontrent une circonférence, elles interceptent des arcs égaux. Je dis que les deux arcs AC et BD sont égaux (fig. 42). Du point O j'abaisse le rayon OH perpendiculaire à CD, il sera aussi perpendiculaire à AB sa parallèle, et de plus il partage les arcs CHD et AHB en deux parties égales : on a donc CH = HD et AH = HB. Retranchant les parties égales, les restes seront égaux et AC = BD. (C. Q. F. D.)

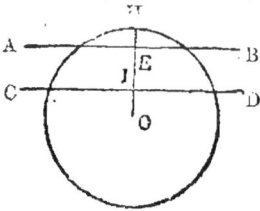

Fig. 42.

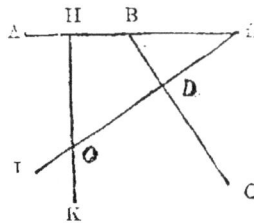

Fig. 43.

45. Par trois points non en ligne droite on peut faire passer une circonférence, et l'on n'en peut faire passer qu'une (fig. 43). Je joins A, B, C, j'élève au milieu de AB et de BC une perpendiculaire DI et une autre HK. Ces deux perpendiculaires doivent se rencontrer en un point O, car si elles étaient parallèles, AB perpendiculaire à HK le serait aussi à sa parallèle supposée ID, mais BC est perpendiculaire à DI. On aurait donc du même point B deux perpendiculaires à DI, ce qui est impossible. Donc HK et DI se

rencontrent. Le point O situé sur ID est également distant
de B et de C, et par la même raison de A et de B, étant
situé sur HK. Donc il est le centre d'une circonférence
passant par les trois points A, B, C.

On n'en peut faire passer qu'une. En effet, le centre
d'une circonférence passant par les trois points A, B, C,
devant se trouver tour à tour sur chacune des perpendiculaires aux lignes AB, BC, se trouvera à leur seul point
commun. Et le centre étant le même, la circonférence le
sera aussi.

46. Quand deux circonférences se coupent, la ligne des
centres est perpendiculaire à
la corde commune et la divise
en deux parties égales (fig. 44).

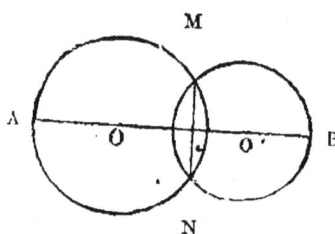

Fig. 44.

Je rabats la partie supé-
rieure AMB autour de AB sur
la partie inférieure ANB, chaque demi-circonférence supérieure coïncide avec son égale
inférieure, et le point M se
confond avec le point N. Or, le point d'intersection des
lignes OB et MN n'ayant pas bougé, la partie supérieure de
la ligne MN se confondra avec la partie inférieure; par
suite, les angles formés à ce point d'intersection se confon-
dront: donc ils sont droits, et AB est perpendiculaire à MN.

47. Deux circonférences tangentes sont deux circonférences qui n'ont qu'un point de commun (fig. 45).

Elles peuvent être tangentes extérieurement et intérieu-
rement (fig. 46).

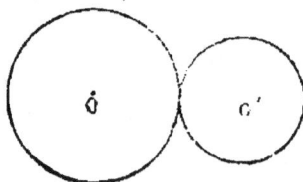

Fig. 45.

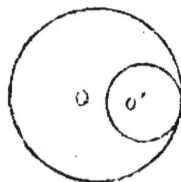

Fig. 46.

48. Quand deux circonférences se touchent, le point de
contact est sur la ligue des centres.

Nous admettons que si deux circonférences ont un point commun en dehors de la ligne des centres, elles en ont un second symétrique au premier. Car si le point de contact n'était pas sur la ligne des centres, il se trouverait en dehors et il aurait un autre point symétrique de l'autre côté de la ligne, et les circonférences, au lieu d'être tangentes, seraient sécantes.

§ 6. MESURE DES ANGLES ET DIVISION DE LA CIRCONFÉRENCE.

49. Deux angles égaux AOB, DOE, ayant leurs sommets au centre d'une circonférence, comprennent des arcs AB, DE, égaux entre eux. En effet, il est clair que les triangles AOB, DOE, sont alors égaux : donc les cordes et par suite les arcs AB, DE, sont égaux (fig. 47).

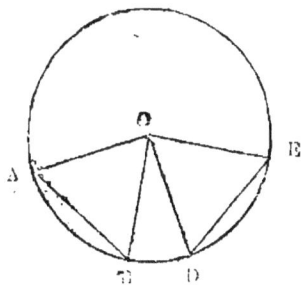
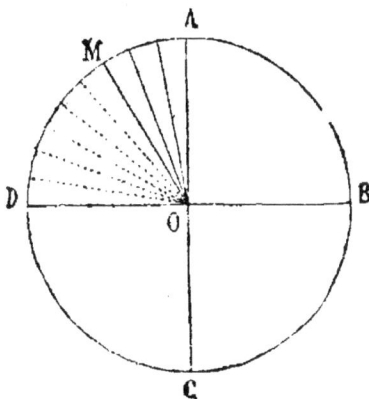

Fig. 47.   Fig. 48.

Il résulte de là qu'un angle double de AOM comprendra un arc double de AM, un angle triple, un arc triple, et ainsi de suite. En général, si deux angles sont dans le rapport de m à n, les arcs qu'ils comprendront seront dans le même rapport. En un mot, les angles ayant leurs sommets au centre d'une circonférence sont proportionnels aux arcs que leurs côtés comprennent sur cette circonférence (fig. 48).

Par suite de cette proportionnalité, un angle peut être mesuré par l'arc décrit de son sommet comme centre, et compris entre ses deux côtés.

On voit que deux diamètres perpendiculaires entre eux partagent la circonférence en quatre parties égales appelées *quadrants*. L'angle droit AOD, par exemple, intercepte donc un quadrant entre ses côtés (fig. 48).

. 50. Nous prendrons, dans la mesure des angles, l'angle droit pour unité, c'est-à-dire pour terme de comparaison. Ainsi, pour avoir la mesure de l'angle MOD, nous chercherons combien l'arc MD contient de parties égales du quadrant AD divisé. Ce nombre de parties est aussi celui des parties d'angle droit que contient l'angle MOD; cela se voit en menant des rayons aux points de division : ainsi, de même que l'angle droit, qui sert d'unité d'angle, a pour mesure le quadrant qui sert d'unité d'arc, de même l'angle quelconque MOD a pour mesure l'arc MD décrit de son sommet comme centre, et compris entre ses côtés.

51. Un angle inscrit a pour mesure la moitié de l'arc compris entre ses côtés.

On appelle *inscrit* un angle tel que BAC (fig. 49), qui a son sommet A sur la circonférence; nous examinerons ici le cas le plus simple, celui où un des côtés de l'angle passe par le centre. Tout angle inscrit peut toujours être décomposé en deux angles de cette espèce par le diamètre passant par son sommet. Si l'on mène le rayon OC, on remarque que le triangle AOC est isocèle, par conséquent (n° 16) l'angle A = C. L'angle extérieur BOC vaut (n° 30) les deux angles A et C, ou deux fois l'angle A. Mais il a pour mesure l'arc BC : donc A a pour mesure la moitié de l'arc BC. (C. Q. F. D.)

52. De cette proposition on déduit cette conséquence remarquable, que tout angle inscrit dans une demi-circonférence est un angle droit, ou que deux droites menées des extrémités d'un diamètre à un même point d'une circonférence sont perpendiculaires. puisque cet angle a

pour mesure la moitié de la demi-circonférence ou un quadrant.

53. L'angle formé par une corde et une tangente a pour

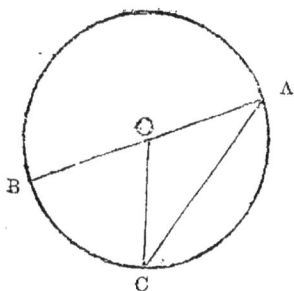

Fig. 49.

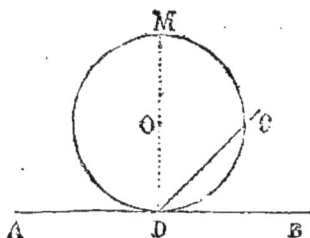

Fig. 50.

mesure la moitié de l'arc compris entre ses côtés. Ainsi dans la figure 50 l'angle CDB $= \frac{1}{2}$ CD.

Pour le démontrer, tirons le diamètre DM; il est perpendiculaire à la tangente AB. On a CDB$=$MDB$-$MDC : or l'angle droit MDB a pour mesure un quadrant qui est la même chose que la moitié de la demi-circonférence MDC : donc MDB $= \frac{1}{2}$MCD; l'angle inscrit MDC a pour mesure $\frac{1}{2}$MC : donc l'angle CDB $=$ MDB $-$ MDC a pour mesure $\frac{1}{2}$MDC $- \frac{1}{2}$MC ou $\frac{1}{2}$ DC.

On prouverait de même que l'angle ADC a pour mesure $\frac{1}{2}$ DMC.

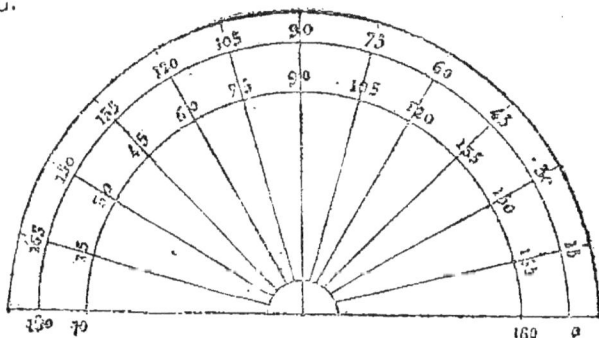

Fig. 51.

54. Pour appliquer la circonférence à la mesure des angles, on l'a d'abord divisée en trois cent soixante parties

égales nommées *degrés*. On a divisé le degré en soixante parties égales appelées *minutes;* la minute en soixante parties égales appelées *secondes.* Ainsi, pour représenter un angle dont l'arc contiendrait vingt-cinq degrés quatorze minutes cinquante-cinq secondes, on écrirait : 25° 14′ 55″, car on est convenu de représenter les mots degrés, minutes et secondes, par les signes °, ′, ″.

55. Pour connaître la valeur d'un angle, on se sert d'un instrument nommé rapporteur (fig. 51), qui est un demi-cercle gradué comme il vient d'être dit. Ainsi, pour connaître la valeur de l'angle M (fig. 52), on posera un rayon du rapporteur sur le côté PM, de manière que le centre du rapporteur soit sur le sommet M, et l'on remarquera le nombre de degrés, minutes et secondes, compris entre les deux côtés MP, MN, de l'angle proposé.

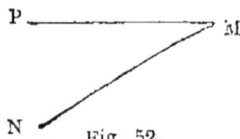

Fig. 52.

On peut, à l'aide de cet instrument, faire sur le papier un angle égal à un angle donné.

CHAPITRE II

§ 1. LIGNES PROPORTIONNELLES.

56. Les notions données par l'étude de l'arithmétique font connaître suffisamment ce qu'on entend par quantités proportionnelles.

Prouvons maintenant qu'une ligne droite MN, menée parallèlement à l'un des côtés AC d'un triangle ABC, divise les deux autres côtés en parties proportionnelles, de sorte qu'on a la proportion BM : MA :: BN : NC (fig. 53).

Pour cela supposons que BM et MA soient entre elles comme 4 : 5, c'est-à-dire que, AM étant partagée en cinq parties égales, BM contienne quatre de ces parties : par les points de division de BA menez des parallèles à AC. Elles partageront BC en parties égales ; car en menant MI, SK, parallèles à BC, on voit (n° 13) que les deux triangles MSI, SHK, sont égaux : donc MI = SK. Or ces lignes sont égales (n° 33) à NO, OL : donc la ligne BC est divisée en parties égales ; mais BN contient quatre de ces parties, NC en contient cinq. Donc le rapport de BN à NC est le même que celui de BM à MA, et l'on a

BM : MA :: BN : NC. (C. Q. F. D.)

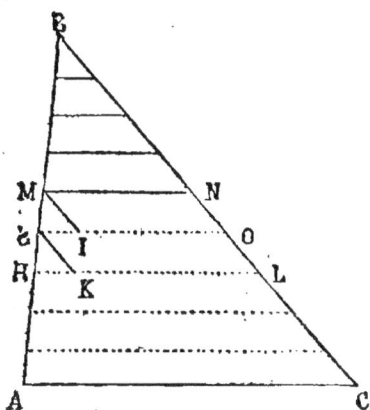

Fig. 53.

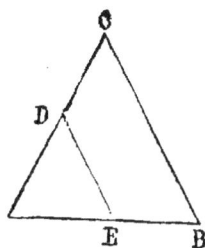

Fig. 54.

57. Si une ligne divise deux côtés d'un triangle en parties proportionnelles, elle est parallèle à l'autre côté (fig. 54).

On a par hypothèse AB : AE :: AC : AD.

Le côté AC ne peut être divisé qu'au point D de la même manière que AB. Or, la ligne qui partant du point E est parallèle à BC jouit justement de cette propriété, donc elle se confondra nécessairement avec ED, qui est parallèle à BC.

§ 2. FIGURES SEMBLABLES.

58. Pour que deux figures soient semblables il faut que les angles de l'une soient respectivement égaux à ceux de l'autre, et que les côtés de la première soient proportion-

nels aux côtés de la seconde, qui sont opposés aux angles
égaux. Ces côtés se nomment côtés homologues.

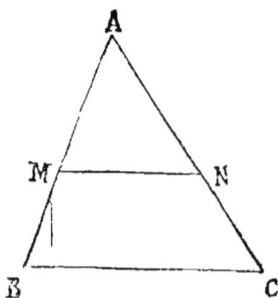
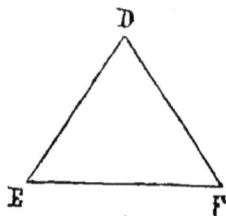

Fig. 55.   Fig. 56.

59. Par suite, pour faire un triangle semblable au
triangle ABC, il suffit de faire un triangle DEF, dont les
trois angles D, E, F, soient égaux aux trois angles A, B, C;
car la proportionnalité des côtés en résulte.

En effet, si l'on place l'angle D sur A et qu'on prenne
AM = DE et AN = DF, le triangle AMN = DEF: donc l'angle
AMN = B, et la ligne MN est parallèle à BC (n° 27, réciproque). Elle divise par conséquent les côtés AB, AC, en
parties proportionnelles, et l'on peut déduire du n° 56
AB : AM ou DE :: AC : AN ou DF. En plaçant successive-
ment l'angle F sur C et l'angle E sur B et faisant les
mêmes opérations, on verra que les côtés homologues
sont proportionnels, et que par conséquent les deux triangles sont semblables [1].

60. On pourrait encore faire un triangle semblable à un
triangle donné en le faisant de telle sorte que ses côtés
fussent proportionnels à ceux du triangle donné, car l'é-
galité des angles en résulterait.

En effet soient (fig. 57 et 53) ABC, DEF, deux triangles tels
que l'on ait AB : BC : AC :: DE : EF : DF. Sur AB prolongée
portons BH = DE; puis menons HG parallèle à BC et BG
parallèle à AC. On aura (n° 59) BH ou DE : AB :: GH : BC;
mais nous avons admis DE : AB :: FE : BC: donc FE = GH;

---

1. Il résulte du n° 29 qu'il suffit, pour que deux triangles soient semblables, qu'ils aient seulement deux angles égaux.

on prouve de même que BG = DF : donc le triangle GBH, dont les angles sont égaux à ceux du triangle ABC, est

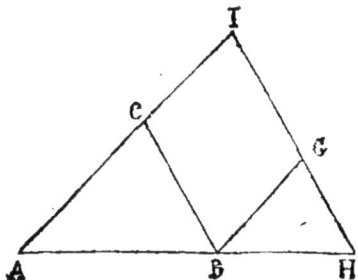

Fig. 57.

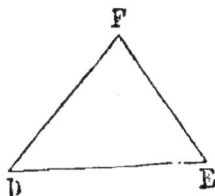

Fig. 58.

égal au triangle DFE, comme ayant ses trois côtés égaux aux siens : donc les angles des triangles ABC, DEF, sont égaux. (C. Q. F. D.)

61. Il n'en est pas des polygones comme des triangles.

Il ne suffit pas, pour faire deux polygones semblables, qu'ils aient seulement leurs angles respectivement égaux,

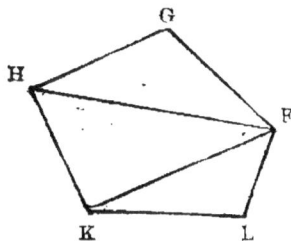

Fig. 59.

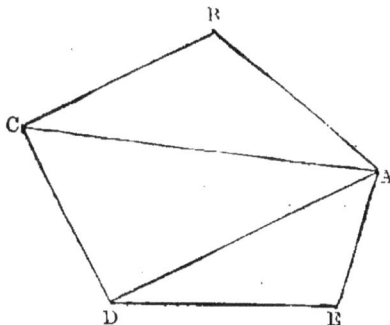

Fig. 60.

ou seulement leurs côtés homologues proportionnels; il faut les deux conditions réunies; car il est évident qu'un carré et un rectangle ont leurs angles égaux et ne sont pourtant pas semblables, puisque leurs côtés homologues ne sont pas proportionnels.

De même un carré et un losange ont leurs côtés homologues proportionnels et ne sont pourtant pas semblables, car ils n'ont pas leurs angles égaux.

Pour faire sur la ligne LX (fig. 59), homologue de ED
(fig. 60), un polygone semblable au polygone ABCDE,
tracez d'abord les diagonales AC, AD; faites au point L
un angle = E, et au point K l'angle LKF = EDA; le triangle
FLK sera semblable au triangle AED (n° 59).

Au point F faites l'angle KFH = DAC, et au point K
l'angle FKH = ADC, le triangle FKH sera semblable au
triangle ADC.

Faites de la même manière le triangle FGH semblable
au triangle ACB, et le polygone FGHKL sera le polygone
cherché.

En effet, il a tous ses angles égaux à ceux du polygone
proposé, et ses côtés proportionnels à leurs homologues
dans ce même polygone.

62. Proposons-nous de trouver une moyenne proportionnelle à deux lignes M et N.

Prenons AB = M, BC = N (fig. 61); du point O, milieu de
AC, et avec AO pour rayon, décrivons un cercle : AC sera un
diamètre. Par le point B,
élevons BH perpendiculaire
sur AC : HB sera la ligne cher-
chée; car menons les cordes
AH, HC, nous allons démontrer la similitude des triangles AHB, BHC et AHC. 1° Les
triangles AHB et AHC sont
semblables. L'angle A est
commun, et ils sont tous
deux rectangles : donc l'an-

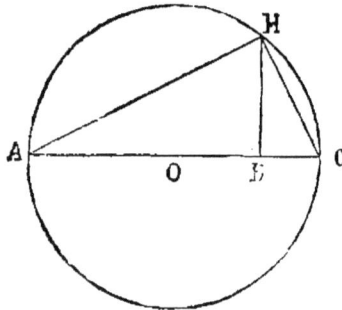

Fig. 61.

gle AHB du premier est égal
à l'angle HCA du second. 2° Les triangles BHC et AHC
sont semblables, car ils sont tous deux rectangles;
ils ont l'angle C commun : donc l'angle BHC est égal à
l'angle HAC. Les triangles AHB et BHC sont aussi semblables comme équiangles, ils sont rectangles et ont,
d'après 1° et 2°, AHB = HCA et BHC = HAB, on aura donc la
proportion

AB ou M : HB :: HB : BC ou M. (C. Q. F. D.)

Dans toute proportion, le produit des extrêmes étant égal à celui des moyens, on voit que : $\overline{HB}^2 = M \times N$.

On prouverait également que chaque côté de l'angle droit est moyenne proportionnelle entre l'hypoténuse entière et le segment adjacent, c'est-à-dire que $\overline{AH}^2 = AC \times AB$ et $\overline{HC}^2 = AC \times BC$.

§ 3. FIGURES ÉQUIVALENTES ET MESURE DES SURFACES.

63. La *surface* d'une figure est la portion de l'espace comprise entre les limites de cette figure.

On appelle figures équivalentes les figures qui ont la même surface. Ainsi, un triangle, un cercle, un carré, etc., peuvent être équivalents en surfac

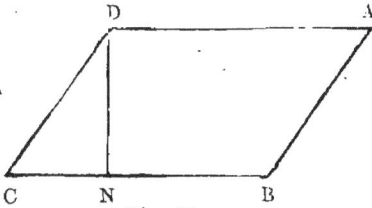

Fig. 64.

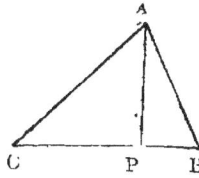

Fig. 62.

On entend par hauteur d'un triangle la perpendiculaire abaissée du sommet sur la base ou sur le prolongement de la base ; et par hauteur d'un parallélogramme, la perpendiculaire commune aux bases supérieure et inférieure.

Ainsi (fig. 62) AP est la hauteur du triangle ABC ; A'P' (fig. 63) est celle du triangle A'B'C', et DN (fig. 64) est celle du parallélogramme ABCD.

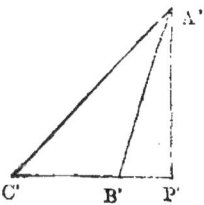

Fig 63.

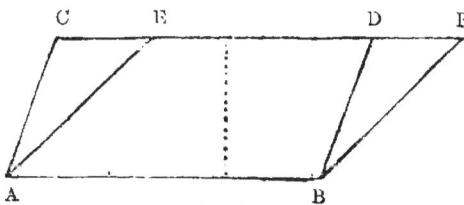

Fig. 65.

64. Deux parallélogrammes de même base et de même hauteur sont équivalents entre eux (fig. 65).

En effet soient ABDC, ABFE, deux parallélogrammes dont nous avons fait coïncider les bases égales; les côtés CD, EF, coïncident en direction à cause de l'égalité de hauteur. Les deux triangles CAE, DBF, étant égaux, puisque le côté CA = DB, le côté EA = FB et l'angle CAE = DBF (n° 31), l'on a : CAE + AEDB = DBF + AEDB ou ABDC = ABFE. (C.Q.F.D.)

65. Un triangle quelconque est équivalent à la moitié

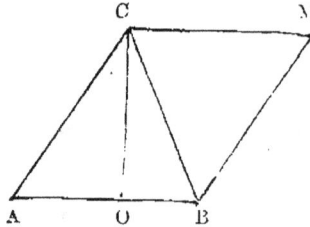 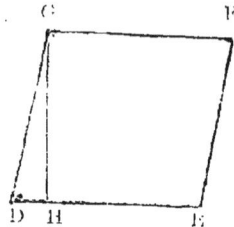

Fig. 66.   Fig. 67.

d'un parallélogramme de même base et de même hauteur que lui.

Soient ABC (fig. 66) et DEFG (fig. 67), un triangle et un parallélogramme ayant mêmes bases et mêmes hauteurs. Menons CM parallèle à AB, BM parallèle à AC, le parallélogramme ABMC sera équivalent au parallélogramme DEFG (n° 64). D'ailleurs, les triangles ACB, BCM, étant visiblement égaux, on a ABC = $\frac{1}{2}$ ABMC, donc ABC = $\frac{1}{2}$ DEFG. (C.Q.F.D.)

66. Il résulte immédiatement des deux numéros précédents que tous les triangles de même base et de même hauteur sont équivalents.

67. Deux parallélogrammes de mêmes bases et de hauteurs différentes ont leurs surfaces proportionnelles à leurs hauteurs.

On sent immédiatement la vérité de cette proposition en changeant les deux parallélogrammes en deux rectangles équivalents.

68. On voit de même que deux parallélogrammes de mêmes hauteurs et de bases différentes ont leurs surfaces proportionnelles à ces bases.

69. Il résulte des deux numéros précédents que les sur-

faces de deux parallélogrammes quelconques sont proportionnelles aux produits respectifs de leurs bases par leurs hauteurs.

En effet, soient P, P', les surfaces de deux parallélogrammes ayant l'un pour base b et pour hauteur h, l'autre pour base b' et pour hauteur h'; soit p la surface d'un parallélogramme intermédiaire, ayant pour base b et pour hauteur h', on aura (n° 67) P : p :: h : h', et (n° 68) p : P' :: b : b', d'où, en multipliant les deux proportions, et faisant disparaître le facteur commun p, on trouve P : P' :: bh : $b'h'$.

70. Cette proportionnalité des surfaces des parallélogrammes aux produits de leurs bases par leurs hauteurs a fait prendre ces produits pour mesures de ces surfaces. On prend alors pour unité de surface la surface d'un carré ayant pour côté l'unité de longueur, de telle sorte que dans la proposition du numéro précédent si on a P' $= 1$, b' $= 1$, $h' = 1$, il en résultera P $= bh$.

71. En vertu des n°s 65 et 70, un triangle aura pour mesure la moitié du produit de sa base par sa hauteur.

72. La surface d'un trapèze est égale à la somme des deux bases parallèles, multipliée par la moitié de la hauteur.

On appelle trapèze un quadrilatère qui a deux côtés parallèles. Ces côtés en sont les bases.

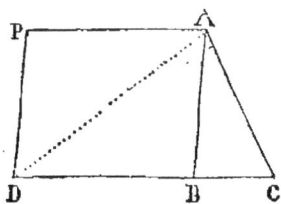

Fig. 68.

Or, si nous considérons le trapèze APDC, nous voyons (fig. 68), en menant la diagonale AD, qu'il se décompose en deux triangles ADC, ADP, qui ont tous les deux la même hauteur AB que le trapèze, et qui ont pour base, l'un la base inférieure DC du trapèze, et l'autre la base supérieure AP. On voit donc que la surface du trapèze qui vaut les deux triangles est égale à la somme de ses bases multipliée par la moitié de sa hauteur.

73. La surface d'un polygone quelconque AFDEG (fig. 69) peut se mesurer en la décomposant en triangles, ou bien l'on peut encore convertir le polygone en un triangle unique équivalent.

Traçons pour cela la diagonale AD; par le point F, tirons parallèlement à AD la ligne FB qui rencontre en B

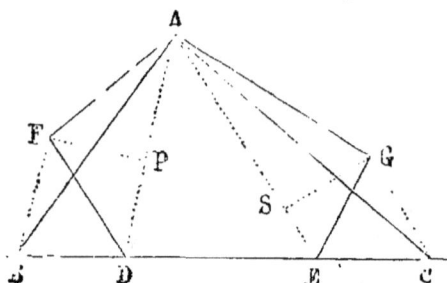

Fig. 69.

le côté ED prolongé, et joignons AB. On voit que le triangle AFD qui fait partie du polygone peut être rem-

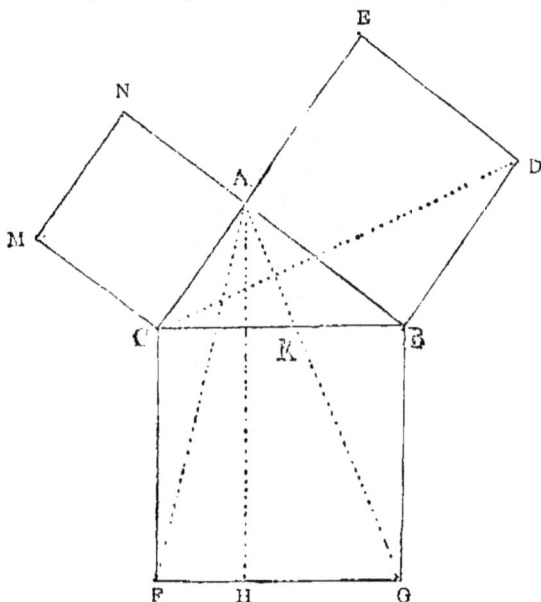

Fig. 70.

placé par le triangle ABD qui lui est équivalent, puis-qu'ils ont la même base AD et la même hauteur FP. Le pentagone AFDEG peut donc être remplacé par le quadrilatère ABEG. Par une construction semblable, celui-ci peut être remplacé par le triangle ABC.

74. Le carré construit sur l'hypoténuse d'un triangle rectangle est équivalent à la somme des carrés construits sur les deux autres côtés.

En effet, considérons le triangle rectangle ABC (fig. 70). Abaissons du point A sur l'hypoténuse une perpendiculaire AK, qui, prolongée, partage le carré de l'hypoténuse en deux rectangles CFHK et KHGB. Tirons les lignes DC et AG. Le triangle BCD est égal au triangle ABG à cause de CBD = DBA + ABC = ABG = CBG + ABC et de BD = BA, BC = BG. D'un autre côté, le triangle DBC est équivalent à la moitié du carré ABDE comme ayant même base BD et même hauteur DE. De même le triangle ABG est équivalent à la moitié du rectangle BKHG comme ayant même base BG et même hauteur HG.

Par conséquent, ce carré et ce rectangle, dont les moitiés sont égales, doivent être équivalents. Par une construction semblable, on prouverait que le rectangle CFHK est équivalent au carré ACMN. Par conséquent, le carré de l'hypoténuse, qui est la réunion des deux rectangles KHGB, CFKH, est équivalent à la somme des deux carrés ABDE, ACMN. (C. Q. F. D.)

75. On appelle projection d'une ligne AB (fig. 71) sur une autre DC l'espace EF compris entre les deux perpendiculaires abaissées des extrémités de la ligne projetée. Ainsi EF est la projection de AB sur CD, et EK la projection de AK sur CD.

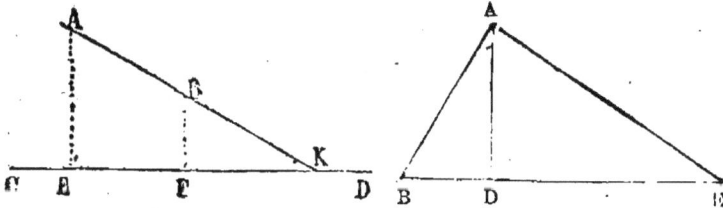

Fig. 71.   Fig. 72.

76. Le carré construit sur le côté d'un triangle non rectangle opposé à un angle aigu est égal à la somme des carrés construits sur les deux autres côtés, moins le double produit de l'un de ces derniers côtés multiplié par la projection de l'autre côté sur celui-là : par exemple, (fig. 72) B étant un angle aigu, on aurait : $\overline{AE^2} = \overline{BE^2} + \overline{AB^2} - 2\overline{BE} \times BD$.

On trouverait au contraire que le carré construit sur le côté d'un triangle opposé à un angle obtus est égal à la somme des carrés construits sur les deux autres côtés, plus le double produit de l'un de ces derniers côtés multiplié par la projection de l'autre côté sur celui-là.

Ces deux propositions sont faciles à démontrer en s'appuyant sur les propriétés du carré de l'hypothénuse que nous avons développées au n° 74, et en procédant d'une manière analogue pour la démonstration.

77. Les surfaces de deux triangles semblables sont proportionnelles aux carrés des côtés homologues (fig. 73 et 74).

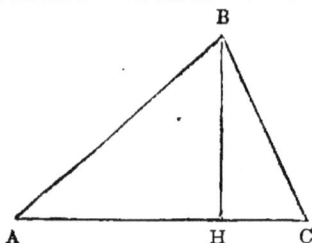
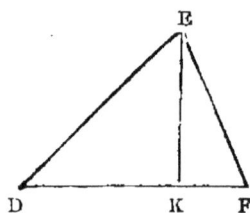

Fig. 73. Fig. 74.

En effet, ces deux surfaces ont pour valeur $\frac{1}{2} AC \times BH$ et $\frac{1}{2} DF \times EK$. Leur rapport est donc $(AC \times BH) : (DF \times EK)$. D'ailleurs, les deux triangles rectangles BHC, EKF, sont semblables à cause de l'égalité des angles C et F, H et K (n° 59, note) : on a donc BH : EK $=$ BC : EF; d'ailleurs les deux triangles ABC, DEF, étant semblables, par hypothèse on a BC : EF $=$ AC : DF, donc AC : DF :: BC : EF. Multipliant ces deux égalités l'une par l'autre, on a : BH $\times$ AC : EK $\times$ DF :: $\overline{BC^2} : \overline{EF^2}$ ou $\frac{1}{2}$ BH $\times$ AC : $\frac{1}{2}$ EK $\times$ DF :: $\overline{BC^2} : \overline{EF^2}$. (C.Q.F.D.)

§ 4. POLYGONES RÉGULIERS.

78. Quand on réunit deux à deux les points de division

d'une circonférence divisée en parties égales, la figure ainsi formée s'appelle polygone régulier; elle a ses angles et ses côtés égaux; elle porte de plus le nom de polygone inscrit, quand ses sommets sont situés sur la circonférence.

79. Le plus simple des polygones réguliers est le triangle équilatéral. Nous verrons n° 82 comment on peut l'inscrire dans une circonférence.

80. Le carré est le polygone régulier de quatre côtés; on l'inscrit dans une circonférence en menant deux diamètres perpendiculaires; les extrémités de ces diamètres seront les sommets du carré.

81. Le *pentagone* est le polygone régulier à cinq côtés. Nous verrons n° 84 comment on peut l'inscrire dans une circonférence.

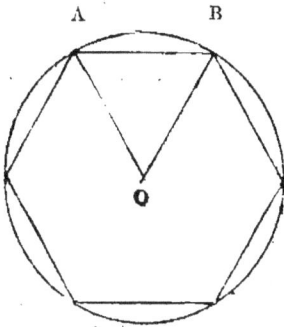 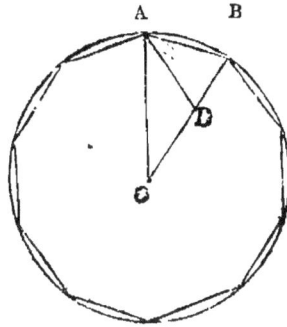

Fig. 75.   Fig. 76.

82. L'*hexagone* (fig. 75) est le polygone de six côtés. La longueur du côté d'un hexagone inscrit dans une circonférence est égale au rayon de cette circonférence. En effet, l'angle AOB est évidemment un sixième de quatre angles droits ou $\frac{4}{6}$ ou $\frac{2}{3}$ d'un angle droit; les angles OAB, OBA, sont égaux comme opposés dans un triangle isocèle; leur somme égale deux angles droits, moins l'angle AOB — $\frac{2}{3}$ d'un angle droit ou $\frac{4}{3}$ d'angle droit : or, étant égaux, chacun vaut $\frac{2}{3}$ d'angle droit. Les trois angles du triangle sont égaux; le triangle est donc équilatéral, et AB = OB ou le rayon. (C. Q. F. D.)

Pour inscrire un hexagone régulier dans une circonférence il suffit donc de porter six fois son rayon sur celle-ci.

On inscrira un triangle équilatéral en joignant les trois sommets non contigus de l'hexagone.

83. Les polygones de sept et de neuf côtés n'ont guère d'importance ; ceux de huit, seize, trente-deux, etc., côtés, se déduisent du carré.

84. Le *décagone* (fig. 76) est le polygone régulier de dix côtés. La longueur du côté d'un décagone inscrit divise celle du rayon en *moyenne* et *extrême raison*, c'est-à-dire que la longueur AB du côté du décagone est moyenne proportionnelle entre le rayon OB et ce qu'il reste de ce rayon lorsqu'on en retranche AB ; de sorte que le côté du décagone est donné par la proportion : AB : OB :: OB — AB : AB.

Menons la droite AD = AB, de sorte que le triangle ABD est isocèle. L'angle AOB est égal à $\frac{4}{10}$ de quatre angles droits ou à $\frac{4}{10} = \frac{2}{5}$ d'un droit. Les angles ABO, BAO, sont donc égaux à $\frac{10}{6} - \frac{2}{5}$ d'un droit ou $\frac{8}{5}$ d'un droit ; étant égaux, chacun vaut $\frac{4}{5}$ d'un droit. L'angle ADB = DBA = $\frac{4}{5}$ d'un droit, donc DAB = 2 d. — $\frac{8}{5}$ d. = $\frac{2}{5}$ d = AOB. Le triangle DAB est donc semblable au triangle AOB, et l'on a AB : OB :: BD : AB ; mais l'angle DAO = BAO — DAB = $\frac{4}{5}$ d. — $\frac{2}{5}$ d = $\frac{2}{5}$ d. = AOB : donc le triangle DAO est isocèle et l'on a OD = DA = AB, et par suite BD = OB — OD = OB — AB, donc la proportion précédente devient : AB : OB :: OB — AB : AB. (C. Q. F. D.)

85. La surface d'un polygone régulier (fig. 77) est égale à son contour ABCDEF, multiplié par la moitié de la ligne OP, perpendiculaire abaissée sur un côté du polygone, depuis le centre O du cercle dans lequel le polygone serait inscrit.

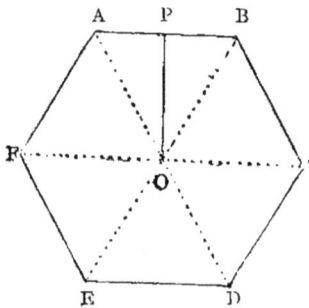

Fig. 77.

En effet, si l'on mène les lignes OA, OB, OC, OD, etc., le polygone se trouve partagé en triangles égaux AOB, BOC, COD, etc. Or, si l'on considère l'un de ces triangles AOB, on sait qu'il a pour mesure sa base AB multipliée par la moitié de sa hauteur OP. On peut faire la même remarque sur chacun des triangles : donc leur somme ou la surface du polygone est égale à la somme des bases, c'est-à-dire au périmètre du polygone multiplié par la moitié de la ligne OP, qui est la hauteur commune à tous ces triangles. (C. Q. F. D.)

86. Actuellement, si nous considérons la circonférence comme un polygone régulier d'un nombre infini de côtés infiniment petits, nous pourrons dire que sa surface est équivalente à celle d'un rectangle qui aurait pour base une droite d'une longueur égale à la circonférence et pour hauteur la moitié du rayon.

Le *cercle*, c'est-à-dire la surface comprise dans une circonférence, aura donc pour mesure la circonférence multipliée par la moitié du rayon.

87. Un polygone circonscrit à une circonférence est un polygone formé de droites tangentes en différents points de cette circonférence. Lorsque ces points sont à égale distance l'un de l'autre, le polygone est régulier.

On démontre absolument de la même manière qu'au n° 86 que la surface d'un polygone circonscrit est égale à son périmètre multiplié par le rayon du cercle inscrit.

§ 5. RAPPORT DE LA CIRCONFÉRENCE AU DIAMÈTRE.

88. On démontre sans peine que deux circonférences de cercle quelconques sont proportionnelles à leurs rayons ou à leurs diamètres, ou, en d'autres termes, que le rapport de la circonférence au diamètre est le même pour tous les cercles.

La détermination de ce rapport est assez difficile, nous ne la développerons pas ; nous nous contenterons de donner une idée de la principale méthode employée pour y arriver, celle des *isopérimètres*. On a un polygone régulier d'un nombre *m* de côtés, inscrit à une certaine circonférence et circonscrit à une autre. On peut calculer les rayons de ces circonférences. On peut ensuite prendre un polygone régulier d'un nombre $2m$ de côtés, mais ayant le même contour, lui inscrire et circonscrire des circonférences nouvelles et calculer leurs rayons. En opérant de même sur des polygones de $4m$, de $8m$, etc., côtés, on obtient sans cesse de nouvelles circonférences et de nouveaux rayons; mais comme on suppose que le contour de ces polygones, dont le nombre de côtés va toujours en doublant, reste le même, il faut nécessairement que les deux circonférences inscrite et circonscrite aillent en se resserrant et se rapprochant l'une de l'autre; par suite, les valeurs que l'on obtient pour les rayons de ces deux circonférences vont en s'approchant sans cesse l'une de l'autre; après un assez grand nombre d'opérations ces valeurs ne diffèrent plus que très-peu, par exemple, ne diffèrent que par la huitième ou la neuvième décimale : alors les deux circonférences coïncident sensiblement entre elles et avec le polygone, de sorte que le contour de celui-ci, qui est connu, peut être pris pour le contour de ces circonférences; en divisant donc la valeur connue de ce contour par la valeur calculée des deux rayons presque égaux, on a le rapport cherché de la circonférence au diamètre.

Ce rapport ne peut être représenté exactement par aucun nombre fini; il est égal à $\frac{22}{7}$ à 0,01 près, et à $\frac{355}{113}$ à 0,000001 près; en décimales, il est à peu près 3,14159265; ce nombre est suffisamment approché pour la pratique.

De la connaissance de ce rapport on déduit une formule simple pour représenter la surface d'un cercle. En effet, le rapport de la circonférence au diamètre permet de donner une valeur déterminée à la circonférence, qui est égale au diamètre multiplié par 3,1415926. Or, nous savons (n° 86) que la surface du cercle est égale à sa circonférence multipliée par la moitié du rayon. Représentons diamètre par D, rayon par r et le rapport 3,1415926 par π, on a: surface du cercle : $D \times \pi \times \frac{1}{2} r$, ou $\pi \times 2r \times \frac{1}{2} r$, ou enfin $\overline{\pi r^2}$, qui est la formule.

CHAPITRE III

Nous allons, dans le courant de ce chapitre, considérer des lignes dirigées d'une manière quelconque dans l'espace, et situées dans des plans quelconques.

89. Il a été donné (n° 4) une définition du plan, d'après laquelle on voit que l'intersection de deux plans MN, PQ, est une ligne droite; car si, par deux points A et B de leur intersection, on tire une droite AB, elle sera en même temps dans l'un et l'autre plan : cette droite ne pourra donc être que leur intersection (fig. 78).

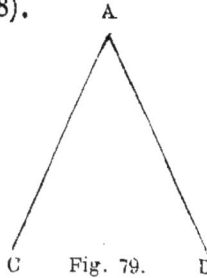

Fig. 79.

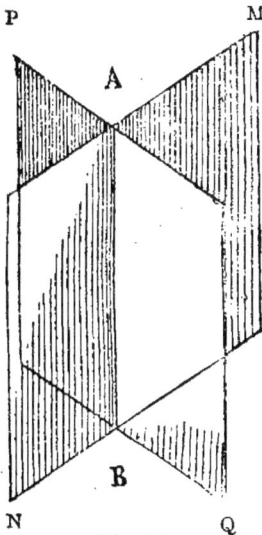

Fig. 78.

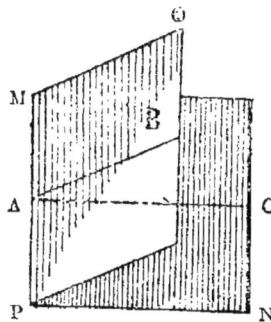

Fig. 80.

90. Par une même ligne droite on peut faire passer une infinité de plans; on le voit en tournant les unes après les autres les feuilles d'un livre.

Deux droites AB, AC, qui se coupent (fig. 79), sont dans un même plan, et suffisent pour en déterminer la position.

Car si nous faisons passer un plan suivant la ligne AB, nous pourrons le faire tourner autour de cette ligne; mais dès qu'il aura rencontré le point C, sa position sera déterminée, et les deux droites AB, AC, seront situées toutes dans ce plan, puisque chacune d'elles aura deux points communs avec lui. Il résulte de là que trois points suffisent aussi pour déterminer un plan.

91. La quantité plus ou moins grande dont deux plans qui se coupent s'écartent l'un de l'autre porte le nom d'angle, ou inclinaison des deux plans.

On mesure cette inclinaison par l'angle BAC (fig. 80) que forment deux perpendiculaires à l'intersection MP, et tracées, l'une dans le plan MN, l'autre dans le plan PQ, par un même point A pris à volonté sur l'intersection des deux plans : ainsi, les deux plans seraient perpendiculaires entre eux si l'angle BAC était droit.

92. Une ligne droite est dite perpendiculaire à un plan quand elle fait des angles droits avec toutes celles qu'on pourrait tracer par son pied dans ce plan.

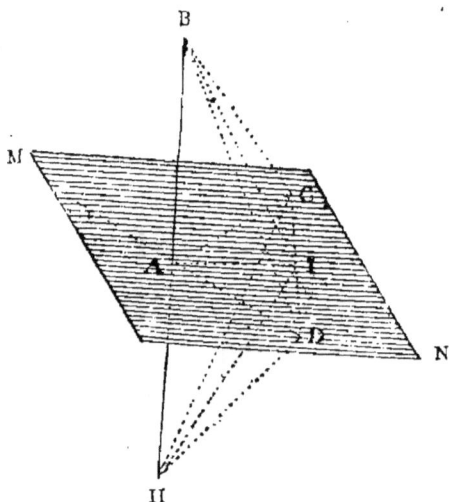

Il suffit, pour qu'une droite BA soit perpendiculaire à un plan, qu'elle le soit à deux droites AC, AD, tracées par son pied dans ce plan, car dès qu'elle l'est à deux, elle l'est à une autre quelconque AI, et par conséquent au plan.

En effet, tirons d'une manière quelconque, dans le plan MN, une droite DC, qui coupe les trois lignes

Fig. 81.

AC, AI, AD, en trois points C, I, D, et joignons ces points avec le point B et avec un point H situé sur le prolongement de BA, à la même distance du plan que le point B.

En vertu du n° 19, les deux triangles BAC, ACH, sont égaux; il en est de même des deux triangles BAD, ADH : donc BC = CH et BD = DH ; par conséquent (n° 13) le triangle CBD = DCH, et donne l'angle HDI = BDI ; alors (n° 14) les deux triangles BID et IDH sont égaux, et le côté BI = IH. Il résulte de là que le triangle BAI = IAH ; mais les deux angles BAI, HAI, sont adjacents, et, puisqu'ils sont égaux, ils doivent être droits (n° 5) : donc la ligne BA est perpendiculaire sur AI. (C Q. F. D.)

PLANS PARALLÈLES.

On entend par plans parallèles deux plans qui ne se rencontrent jamais, quelque loin qu'on les prolonge.

93. Les droites AB, CD, qui servent d'intersection à deux plans parallèles MN, PQ, coupés par un troisième plan RS, sont parallèles.

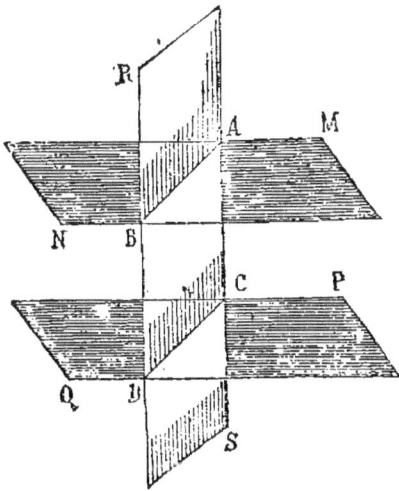

Fig. 82.

En effet, si ces deux droites, qui sont comprises dans le même plan RS, pouvaient se rencontrer, il faudrait que les deux plans MN, PQ, qui les contiennent aussi respectivement, pussent se rencontrer, ce qui ne peut avoir lieu, puisqu'ils sont parallèles : donc elles le sont aussi. (C. Q. F. D.)

94. Si une droite CD est parallèle à AB, située dans un autre plan MN, elle doit être parallèle à ce plan.

Car, si elle pouvait rencontrer ce plan, cela devrait avoir lieu en quelque point de l'intersection AB, ce qui ne peut être puisque CD est parallèle à AB : donc elle est aussi parallèle au plan. (C. Q. F. D.)

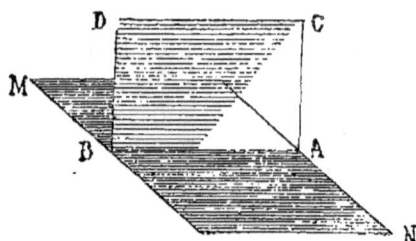

Fig. 83.

95. Si deux plans MN, PQ (fig. 84) ont une perpendiculaire commune AO, ils sont parallèles, comme on le voit ici. Soit CD leur intersection. Joignons un point B de cette intersection avec les points A et B où la perpendiculaire les rencontre : or, les angles OAB, OBA sont droits, puisque la ligne AB est perpendi-

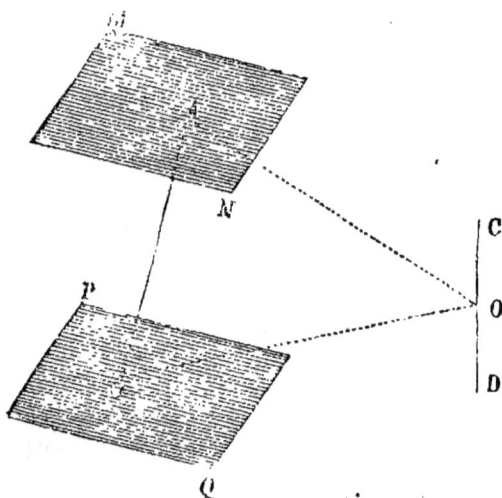

Fig. 84.

culaire aux deux plans : donc il résulterait de la rencontre des deux plans que du même point O on pourrait abaisser deux perpendiculaires sur la même droite, ce qui est impossible (n° 21).

96. Si les deux plans MN, PQ, étant parallèles, une droite

AB est perpendiculaire à l'un d'eux MN, elle le sera aussi à l'autre PQ (fig. 85).

En effet, traçons dans le plan PQ, et par le point B, une droite quelconque BC; si par les deux droites AB et BC nous conduisions un plan, il couperait (nº 93) le plan MN

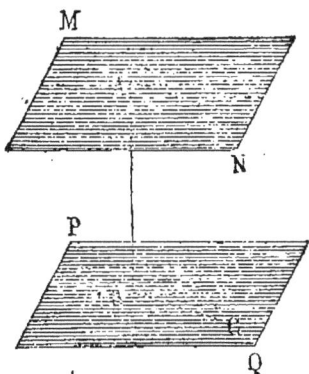

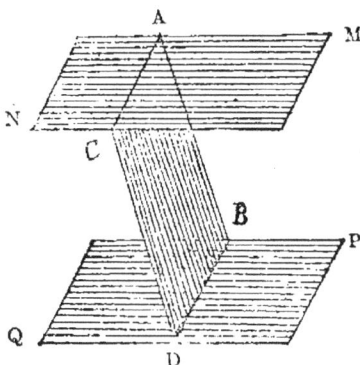

Fig. 85.   Fig. 86.

suivant une droite partant du point A, parallèle à BC. Or AB, étant perpendiculaire au plan MN, serait perpendiculaire à cette droite et devrait (nº 25) l'être à sa parallèle BC; mais, BC ayant été tracé d'une manière arbitraire par le point B dans le plan PQ, il s'ensuit que AB est perpendiculaire à toute droite tracée par son pied dans le plan PQ, et par conséquent au plan (nº 92).

97. Si deux lignes parallèles AB, CD (fig. 86), sont comprises entre deux plans parallèles MN, PQ, elles doivent être égales.

En effet, si par ces deux parallèles on mène un plan AD, ce plan coupera les deux plans MN, PQ, suivant deux lignes droites AC, BD, qui (nº 93) seront parallèles : par conséquent la figure ABCD est un parallélogramme dans lequel (nº 33) on voit que le côté AB doit être égal à CD. (C. Q. F. D.)

98. Si une ligne AP est perpendiculaire au plan MN (fig. 87), un plan RQ, conduit suivant cette ligne, sera aussi perpendiculaire au plan MN.

En effet, par le pied P de la perpendiculaire AP, menons

dans le plan MN la droite PO perpendiculaire à l'intersection BC des deux plans MN, RQ. Il est évident que l'angle

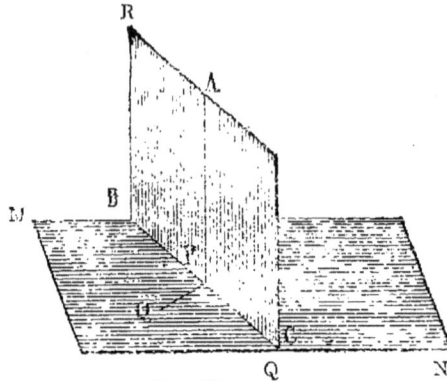

Fig. 87.

APO sera droit, puisque la ligne AP est perpendiculaire
au plan; mais (n° 91) cet angle mesure l'inclinaison du
plan RQ sur le plan MN: donc les deux plans sont perpendiculaires l'un à l'autre. (C. Q. F. D.)

99. Réciproquement si le plan RQ est perpendiculaire au
plan MN, et si, par un point P de l'intersection BC des
deux plans, on mène dans le plan RQ la ligne AP, perpendiculaire à l'intersection BC, cette ligne AB sera perpendiculaire au plan MN.

En effet, menons par le point P et dans MN la droite
PO perpendiculaire à BC. Il est clair que l'angle APO doit
mesurer l'inclinaison du plan RQ sur le plan MN. Or cet
angle doit être droit, puisque les deux plans sont perpendiculaires entre eux : donc la ligne AP, étant perpendiculaire à deux droites PO, BC, tracées par son pied dans le
plan MN, est aussi perpendiculaire au plan.

100. Les plans RQ et MN (fig. 88) étant toujours perpendiculaires entre eux, si par un point P de leur intersection
on élève une perpendiculaire PA au plan MN, elle devra
se trouver dans le plan RQ.

Car, si elle n'y était pas, on pourrait conduire suivant
les deux droites AP, BC, un plan qui devrait nécessairement (n° 98) être perpendiculaire au plan MN, et alors,

suivant l'intersection commune, BC passerait par deux plans perpendiculaires au plan MN, ce qui est absurde. Donc il est impossible que la droite AP se trouve ailleurs

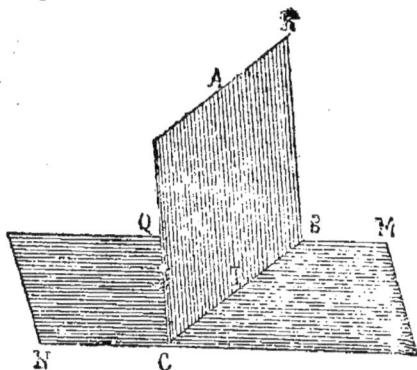

Fig. 88.

que dans le plan RQ : elle doit par conséquent être tout entière dans ce plan. (C. Q. F. D.)

101. L'intersection de deux plans MN, RQ (fig. 89), per-

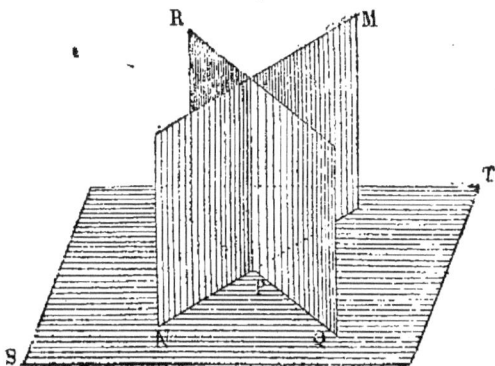

Fig. 89.

pendiculaires à un troisième plan TS, est perpendiculaire à ce plan : car d'après le n° 100 une perpendiculaire au plan TS élevée par le point P de ce plan doit se trouver à la fois dans les deux plans MN, RQ. Elle doit donc être leur intersection, qui est par conséquent perpendiculaire au plan.

Si du même point A on mène à un point MN une perpendiculaire et plusieurs obliques AC et AD, la perpendiculaire est plus courte que l'oblique (fig. 90).

Je dis que AB < AC. En effet, dans le plan ABC la perpendiculaire AB est plus petite que l'oblique AC (n° 22).

On démontrerait facilement les deux autres propositions sur les obliques.

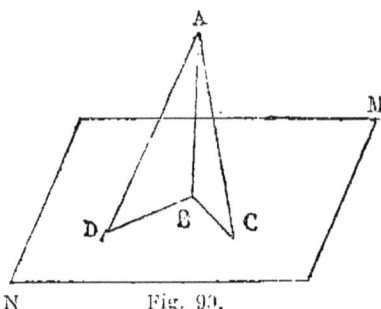

Fig. 90.

102. Une droite AP étant perpendiculaire à un plan MN (fig. 91), si du pied P de cette ligne on mène une perpendiculaire PB à une ligne CD du plan MN, puis qu'on joigne un point quelconque de AP au point B, la ligne AB est perpendiculaire sur CD.

En effet, prenons BC = BD et joignons AC, AD, PC et PD sur le plan MN, les obliques PC et PD sont égales comme obliques s'écartant également du pied de la perpendiculaire : donc PC = PD. Dans l'espace AC = AD par la même raison. Les deux triangles ABC et ABD sont égaux (n° 15) : donc l'angle ABC égale l'angle ABD, ils sont donc droits, et la ligne AB est perpendiculaire sur BC.

Réciproquement, CD étant une droite située dans le plan MN, si du point A situé en dehors on abaisse deux perpendiculaires l'une AP au plan, l'autre AB à la droite CD, la droite PB qui joint les pieds de ces perpendiculaires sera perpendiculaire à CD.

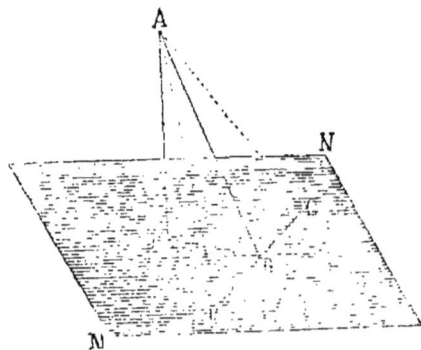

Fig. 91.

Portons sur CD, à partir du point B, deux longueurs égales BC, BD, et joignons AC, AD, PC, PD ; on aura le triangle ABC

═ABD. Donc AC═AD; par suite, le triangle APC ═ APD.
D'où PC ═ PD, et comme BC ═ BD, les triangles PBD et
PBC seront égaux : donc les angles adjacents PBD, PBC,
seront égaux, donc ils seront droits. (C. Q. F. D.)

103. Lorsque trois plans se coupent en un même point,
ils y forment un *angle trièdre ;* les angles formés deux à

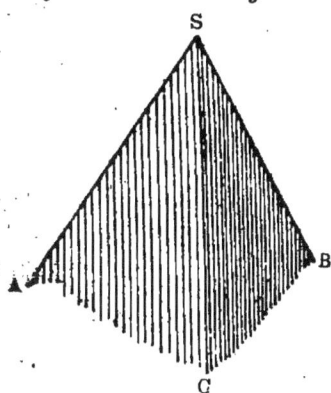

Fig. 92.

deux par ces plans sont les
angles *dièdres.* Les angles ASB,
ASC, CSB, formés par les intersections des plans, sont les
faces de l'angle trièdre ; le
point S en est le *sommet,* et
les droites SA, SB, SC, en sont
les *arétes* (fig. 92).

Deux angles trièdres sont
égaux lorsqu'ils ont leurs faces
égales chacune à chacune et
semblablement disposées (fig.
93 et 94). Si les faces étaient
égales, mais différemment dis-
posées, les deux trièdres ne seraient que *symétriques*
(fig. 94 et 95) : les angles trièdres seraient encore égaux
dans les deux trièdres, mais ceux-ci ne pourraient se su-
perposer.

Trièdres égaux :   Trièdres symétriques :

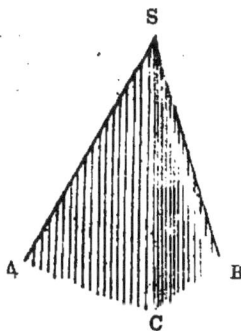
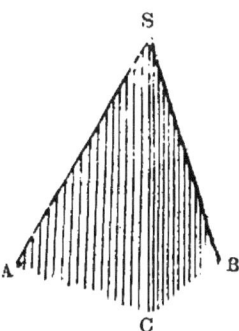
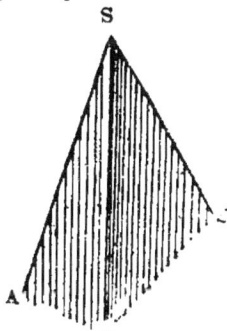

Fig. 93.   Fig. 94.   Fig. 95.

104. Lorsqu'un nombre quelconque de plans se coupent en un même point, ils forment un *angle polyèdre*.

On conçoit et l'on démontre facilement que la somme des faces ou angles plans d'un angle polyèdre (qui n'a pas de faces rentrantes) doit toujours être plus petite que quatre angles droits.

CHAPITRE IV

POLYÈDRES.

105. Nous allons passer maintenant à la considération des corps solides, c'est-à-dire des corps qui ont les trois dimensions de l'étendue : longueur, largeur et hauteur; ils portent le nom général de *polyèdres*.

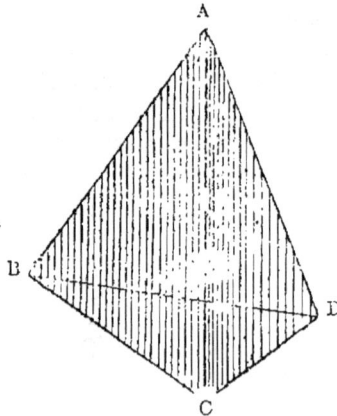
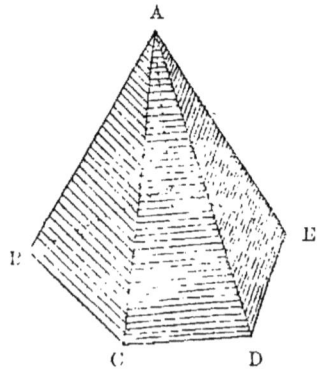

Fig. 96.　　　　　　　　Fig. 97.

106. Si l'on coupe les trois faces d'un angle trièdre par un quatrième plan qui rencontre les arêtes aux points B, C, D, on aura un solide à quatre faces qui se nomme *pyramide triangulaire*, parce que la face BCD qui lui sert de *base* est un triangle (fig. 96).

107. Si l'angle solide A était formé par plus de trois plans triangulaires, alors le plan sécant qui rencontrerait les arêtes aux points B, C, D, E, formerait un polygone, et la pyramide serait dite *pyramide polygonale*. Le point A où concourent les plans triangulaires se nomme le *sommet* de la pyramide et la face opposée au sommet en est la *base*. La perpendiculaire abaissée du sommet sur la base est la *hauteur* de la pyramide (fig. 97).

108. Examinons d'abord le solide connu sous le nom de *parallélipipède* rectangle, qui jouera parmi les solides le même rôle que le rectangle parmi les surfaces : il nous servira à connaître la mesure des polyèdres, c'est-à-dire l'évaluation de leur volume.

109. Le parallélipipède rectangle ABFDCHEG est un solide dont toutes les faces sont des rectangles, y compris la face supérieure ABFD et la face inférieure CHEG, qui sont les bases du parallélipipède. La perpendiculaire commune aux deux bases est la hauteur du parallélipipède.

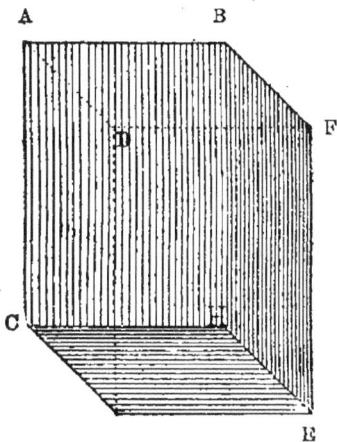
Fig. 98.

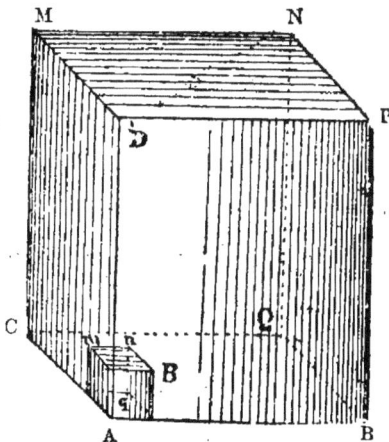
Fig. 99.

110. Quand la base inférieure CHGE est un carré et qu'on prend HG, GC, GD, égales, les faces sont des carrés égaux, et le solide ainsi formé prend le nom de *cube*. Tout le monde a vu un dé à jouer (par exemple). Le cube est le solide qui sert d'unité dans la mesure des volumes, comme le carré au chapitre II (n° 70) en a servi dans la mesure des surfaces.

111. Le volume d'un parallélipipède rectangle a pour mesure le produit de sa base par sa hauteur, ou, ce qui est la même chose, le produit des trois arêtes AD, AC, AB, qui concourent au même point A, et dont l'une, AD, est la hauteur du parallélipipède, tandis que les deux autres AC, AB, multipliées entre elles, en donnent la base (fig. 99).

Cette manière de s'exprimer suppose un raisonnement analogue à celui que nous avons fait (n° 70) dans l'évaluation du rectangle, c'est-à-dire qu'il faut admettre une unité de volume relative à l'unité de longueur.

Ainsi, si l'on suppose que AB contienne six fois l'unité de longueur, que AC la contienne trois fois, et que la hauteur AD la contienne sept fois, le parallélipipède MDPNCABQ contiendra $6 \times 3 \times 7$ fois, ou 126 fois le petit cube *mbpncadq*.

En effet, si par chacun des points de division de AB on mène des plans parallèles à la face ADMC, il est clair qu'on partagera le parallélipipède proposé en six parallélipipèdes égaux entre eux. Menant par les points de division de AC des plans parallèles à la face ADPB, on fait dans chacun des six parallélipipèdes trois nouveaux parallélipipèdes, tous égaux entre eux et dont le nombre total est par conséquent égal à 6×3 ou 18. Enfin, si nous menons par chacun des points de division de la hauteur AD des plans parallèles à la base ACQB, nous ferons dans chacun des dix-huit parallélipipèdes sept petits cubes tous égaux au cube que nous avons pris pour unité de volume, et dont le nombre total est représenté par $6 \times 3 \times 7$ ou 126. Or la réunion de ces cubes forme la solidité du parallélipipède proposé.

On peut donc dire qu'il a pour mesure le produit des trois arêtes AD, AC, AB. Si l'on observe que le produit des deux arêtes AB, AC, donne (n° 70) la surface du rectangle ABQC qui sert de base au parallélipipède, on peut dire aussi que le volume d'un parallélipipède rectangle a pour mesure le produit de sa base par sa hauteur.

112. On établirait cette proposition d'une manière plus rigoureuse en suivant une marche analogue à celle que nous avons suivie pour les parallélogrammes. Ainsi on prouverait d'abord que deux parallélipipèdes rectangulaires qui ont des bases égales sont entre eux comme leurs hauteurs, et que deux parallélipipèdes qui ont même hauteur sont entre eux comme leurs bases. On déduit de là ensuite que deux parallélipipèdes rectangulaires quelconques ont leurs volumes dans le rapport des produits de leurs bases par leurs hauteurs. Par suite, en prenant pour unité de volume le cube dont le côté est l'unité de longueur, on pourra dire que le volume d'un parallélipipède rectangulaire est égal au produit de sa base par sa hauteur. C'est aussi par une marche analogue que l'on arrive à la mesure d'un parallélipipède quelconque, en passant par les deux propositions suivantes :

113. Le parallélipipède ABCDMNOP, dans lequel les deux bases ABCD, MNOP, sont des parallélogrammes situés dans des plans perpendiculaires aux autres AMPD, CONB, s'appelle parallélipipède droit (fig. 100).

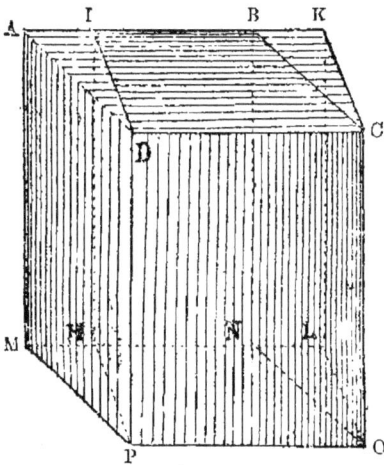
Fig. 100.

Ce parallélipipède pourrait être changé en un parallélipipède rectangle DIKCHPOL qui aurait même hauteur que lui et même base. Or ce dernier a pour mesure sa base par sa hauteur, d'après le numéro précédent. Donc un parallélipipède droit a aussi pour mesure sa base par sa hauteur.

114. Le parallélipipède ABCDEHGF, dans lequel les six faces sont des parallélogrammes quelconques, est nommé parallélipipède oblique (fig. 101).

Ce parallélipipède peut être changé en un parallélipipède droit ABCDPQMN, qui a la même base ABCD que lui et la même hauteur. Or, d'après le numéro précédent, ce dernier a pour mesure le produit de sa base par sa hau-

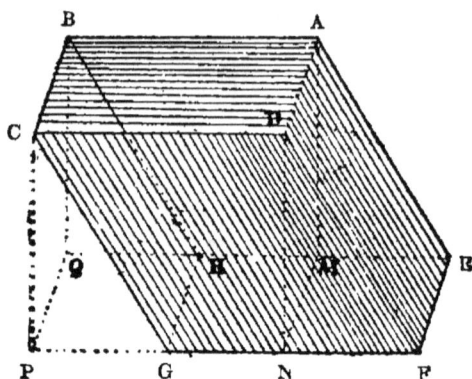

Fig. 101.

teur : donc le parallélipipède oblique a aussi pour mesure
le produit de sa base par sa hauteur.

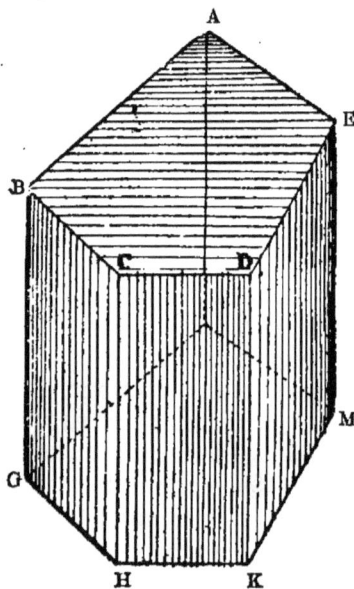

Fig. 102.

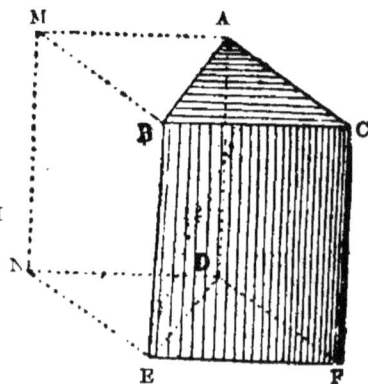

Fig. 103.

115. On voit donc qu'un parallélipipède quelconque a
pour mesure le produit de sa base par sa hauteur.

116. Le solide ABCDEHKM dont toutes les facès laté-
rales sont des parallélogrammes quelconques, et dont les
bases supérieure et inférieure sont deux polygones égaux
et parallèles, est nommé *prisme* (fig. 102).

Suivant que les bases sont des triangles, des quadrila-
tères, etc., le prisme est appelé triangulaire, quadrangu-
laire, etc.

117. Un prisme triangulaire a pour mesure le produit
de sa base par sa hauteur.

En effet, considérons le prisme triangulaire ABCDEF
(fig. 103). Par les points D et E menons les lignes DN et
EN parallèles aux lignes FE, DF, et achevons le prisme
ABMDEN qui est équivalent au prisme proposé : or, tous deux
réunis, ils composent le parallélipipède AMBCDNEF : par
conséquent, chacun d'eux en est la moitié et a pour mesure le produit de sa hauteur par sa base, qui est, comme
on le voit (n° 65), la moitié de celle du parallélipipède.

118. Un prisme quelconque ABCDEFGHKL a aussi pour
mesure le produit de sa base par sa hauteur.

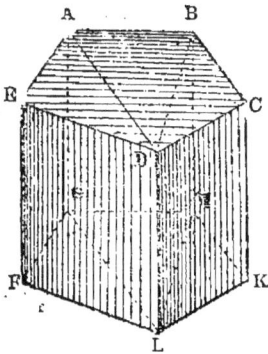
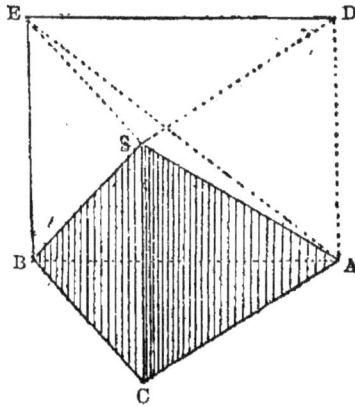

Fig. 104.   Fig. 105.

En effet, on peut remarquer par la construction des
plans AGLD, BDLH (fig. 104), que le prisme proposé se décompose en prismes triangulaires. Or chacun d'eux a pour
mesure sa base (qui est une partie de celle du prisme pro-

posé) multipliée par sa hauteur : donc le prisme proposé, qui est égal à leur somme, a pour mesure la somme de leurs bases, ou sa propre base multipliée par sa hauteur.

Quand les arêtes sont perpendiculaires au plan de la base, le prisme est droit.

Avant de passer à l'évaluation du volume de la pyramide, nous considérerons comme démontré que deux pyramides de même hauteur et de bases équivalentes sont équivalentes. On pourrait démontrer cette proposition avec toute la rigueur ordinaire des raisonnements géométriques, mais nous nous contenterons ici de l'énoncer.

119. Une pyramide a pour mesure le produit de sa base par le tiers de sa hauteur.

Soit la pyramide triangulaire SACB (fig. 105); menons par les points A et B les lignes AD, BE, égales et parallèles à SC, et achevons le prisme triangulaire DSEACB, qui a même base et même hauteur que la pyramide; menons un plan par les trois points S, A, E. Le premier se trouve ainsi composé de trois pyramides SACB, SADE, SABE, qui sont équivalentes. En effet, on voit d'abord que les deux SADE, SABE, ont pour bases les deux triangles ADE, ABE, qui forment le parallélogramme ABED, et qu'elles ont même hauteur, puisque leurs sommets sont au même point S. Elles sont donc équivalentes; mais si l'on considère la pyramide SADE comme ayant son sommet au point A, elle a même base et même hauteur que la pyramide proposée, et lui est par conséquent équivalente. Donc, les trois pyramides qui composent le prisme triangulaire ont même volume, et la mesure de la pyramide proposée sera le tiers de celle du prisme, c'est-à-dire le produit de la base ACB par le tiers de la hauteur.

120. Une pyramide quelconque SABCDE (fig. 106) a aussi pour mesure le produit de sa base par le tiers de sa hauteur.

En effet, en menant les plans SDB, SEB, on voit que la pyramide se décompose en trois pyramides triangulaires. Or, d'après le n° 119, chacune d'elles a pour mesure sa base par le tiers de sa hauteur : donc, la pyramide proposée, qui est égale à leur somme, a pour mesure la

...me de leurs bases, ou sa propre base multipliée par sá hauteur.

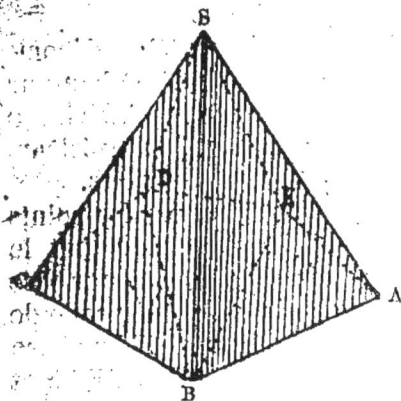

Fig. 106.

121. On peut toujours, en joignant par des droites le sommet de l'un des angles d'un polyèdre à tous les autres sommets de ce polyèdre, le partager en pyramides et opérer l'évaluation de son volume par le volume successif de chaque pyramide, en prenant la somme des résultats. Nous ne nous arrêterons donc pas sur ce sujet.

122. Lorsque l'on retranche par une section plane pa-

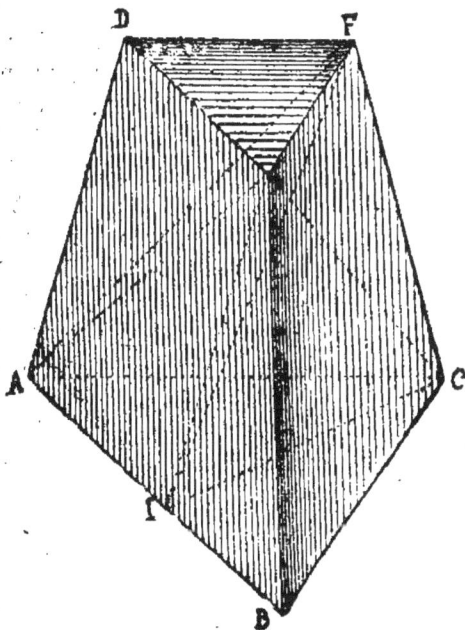

Fig. 107.

rallèle à la base d'une pyramide la partie superieure de

cette pyramide, il reste une *pyramide tronquée* ou un *tronc de pyramide*.

Toute pyramide triangulaire tronquée peut être décomposée en trois pyramides triangulaires de même hauteur que le tronc, et ayant pour base, l'une la base inférieure du tronc, la deuxième la base supérieure, la troisième une moyenne proportionnelle entre ces deux bases.

Menons (fig. 107) deux plans, l'un passant par les points A, E, C, l'autre par les points A, E, F; ils partageront le tronc donné en trois pyramides, l'une ABCE qui a pour base la base inférieure ABC du tronc et pour hauteur celle de celui-ci; l'autre DEFA, ayant même hauteur et pour base la base supérieure DEF; il reste la pyramide AFCE, et nous devons prouver qu'elle est équivalente à une pyramide ayant pour hauteur celle du tronc et pour base une moyenne proportionnelle entre les deux bases du tronc. Menons EI parallèle à AD, puis menons les plans AFI, IFC; ils formeront avec les triangles AIC, AFC, une nouvelle pyramide AFCI qui sera équivalente à la pyramide AFCE, car elle aura la même base, et les hauteurs seront aussi les mêmes, puisque les sommets F et I sont situés sur une droite parallèle au plan de la base; cela posé, la pyramide AFCI peut être considérée comme ayant pour base le triangle AIC et alors pour hauteur celle du tronc : tout se réduira maintenant à prouver que la surface du triangle AIC est moyenne proportionnelle entre celle des triangles ABC, DEF. Or, les deux triangles AIC et ABC pouvant être considérés comme ayant même hauteur, on aura : AIC : ABC :: AI : AB ou :: DE : AB, car ADEI est un parallélogramme et DE = AI. D'un autre côté, les deux triangles ABC et DEF étant semblables, on a (n° 77) ABC : DEF :: $\overline{AB^2} : \overline{DE^2}$, d'où DE : AB :: $\sqrt{DEF} : \sqrt{ABC}$, et par suite AIC : ABC :: $\sqrt{DEF} : \sqrt{ABC}$, d'où enfin $\overline{AIC^2} = DEF \times ABC$. (C. Q. F. D.)

POLYÈDRES RÉGULIERS.

123. Un polyèdre est régulier lorsque toutes ses faces

sont des polygones réguliers et que tous les angles dièdres sont égaux entre eux, ainsi que tous les angles polyèdres.

Il n'y a que cinq polyèdres réguliers, et il ne peut y en avoir davantage. Cette impossibilité provient de ce que la somme des angles plans d'un angle polyèdre ne peut être égale à quatre angles droits : on ne peut donc pas former

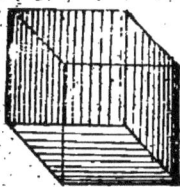 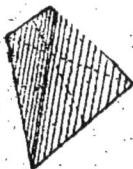 

| Fig. 108. | Fig. 109. | Fig. 110. |

un polyèdre régulier avec un polygone régulier quelconque : ainsi considérons un hexagone régulier; chacun de ses angles est égal à $\frac{4}{3}$ d'angle droit, trois de ces angles formeraient donc quatre angles droits ; nous ne pouvons donc réunir trois angles d'un hexagone, et à plus forte raison d'un polygone d'un plus grand nombre de côtés; comme on ne peut pas, d'ailleurs, former un angle polyèdre avec moins de trois angles plans, il en résulte que l'on ne peut faire de polyèdres réguliers avec l'hexagone ni avec les polygones supérieurs. Il nous reste donc le triangle équilatéral, le carré et le pentagone.

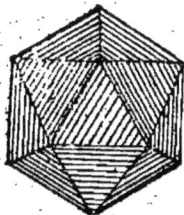 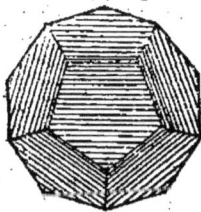

| Fig. 111. | Fig. 112. |

On ne peut réunir que trois faces du carré (car quatre faces donneraient quatre angles droits). On obtient ainsi le cube (fig. 108).

Les angles du triangle équilatéral étant égaux à $\frac{2}{3}$ d'angle droit, on peut en réunir jusqu'à 5 l'un contre l'autre ; en en réunissant 3 on forme le *tétraèdre régulier* (fig. 109), en en réunissant 4 l'*octaèdre* (fig. 110), polyèdre à huit faces, en en réunissant 5 l'*icosaèdre*, polyèdre à vingt faces (fig. 111).

Enfin, les angles du pentagone étant égaux à $\frac{6}{5}$ d'angle droit, on ne peut en réunir que trois et l'on forme ainsi le *dodécaèdre* régulier (fig. 112), polygone à douze faces.

CORPS RONDS.

124. On appelle ainsi des solides produits par la révolution d'une figure plane autour d'une ligne droite.

Ainsi le rectangle MNPQ (fig. 113) tournant autour du côté MN engendre un solide qui porte le nom de *cylindre*. Le côté fixe MN est la hauteur ou l'axe du cylindre. Le côté mobile PQ en décrit la surface convexe, et chaque point de cette ligne décrit un cercle. Les deux cercles égaux décrits par les extrémités Q et P du côté mobile sont les bases du cylindre.

125. La surface convexe d'un cylindre a pour mesure le produit de la circonférence de la base multipliée par la hauteur.

Pour le prouver, inscrivons dans la base inférieure un polygone régulier ABCDE (fig. 114). Par les sommets de ce polygone élevons au plan de la base inférieure des perpendiculaires qui rencontrent la base supérieure aux points M, F, G, H, K, que l'on réunit par des lignes droites : on forme ainsi un prisme droit dont la surface latérale est, comme il est facile de le voir, égale au contour de sa base multipliée par sa hauteur.

Or, en multipliant à l'infini le nombre des côtés du polygone qui sert de base, on peut faire que la surface du prisme droit diffère aussi peu que l'on voudra de celle du cylindre.

Donc on peut dire aussi que la surface du cylindre a pour mesure la circonférence de sa base multipliée par sa hauteur.

Ainsi, si la circonférence de la base avait 25 mètres et la hauteur 5 mètres, la surface convexe du cylindre serait équivalente à 25 m. × 5 m. ou 125 mètres carrés.

126. En faisant la même construction que dans le numéro précédent, et se rappelant que le volume d'un prisme quelconque a pour mesure le polygone qui lui sert de base multiplié par sa hauteur, on peut dire que le volume d'un cylindre est équivalent au produit de sa base par sa hauteur.

Par conséquent, si la base contient 30 mètres carrés et la hauteur 9 mètres de longueur, le prisme sera équivalent en volume à la somme de 270 mètres cubes.

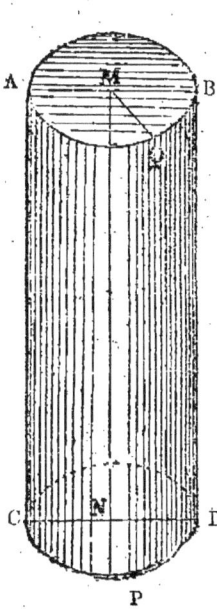

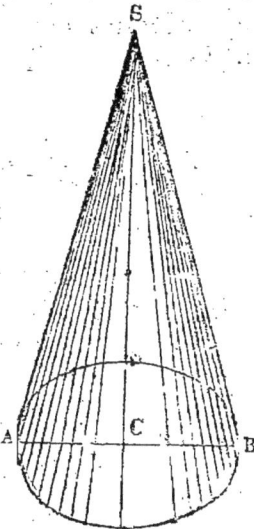

Fig. 113.   Fig. 114.   Fig. 115.

127. Un triangle rectangle SCA (fig. 115) tournant autour de l'un des côtés SC de l'angle droit engendre un solide nommé *cône*.

Le côté fixe SC est nommé l'*axe* du cône, le côté mobile SA engendre la surface convexe du cône, et chacun de ses points décrit un cercle dont le centre est situé sur l'axe. Le cercle décrit par l'extrémite A sert de base au cône.

128. En comparant le cône à une pyramide régulière d'un nombre infini de faces, comme on a comparé le cylindre au prisme, on verrait :

1° Que la surface convexe ou latérale d'un cône a pour mesure la circonférence de la base multipliée par la moitié du côté mobile ;

2° Que le volume d'un cône a pour mesure sa base multipliée par le tiers de la hauteur.

129. Un tronc de cône a son volume mesuré par le produit du tiers de sa hauteur par la somme de trois bases : l'une, sa base inférieure ; l'autre, sa base supérieure ; la troisième, une moyenne proportionnelle entre les deux précédentes. Cette proposition est analogue à celle du n° 122.

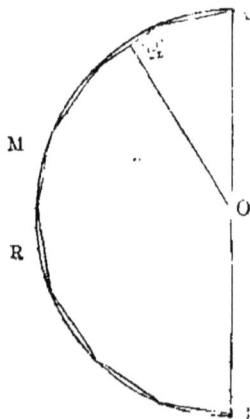

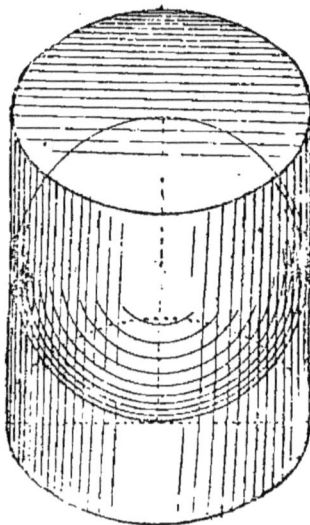

Fig. 116.   Fig. 117.

130. Le demi-cercle ARB (fig. 116) tournant autour du diamètre AB engendre un solide nommé *sphère*. La demi-circonférence ARB engendre la surface de la sphère. Il est évident que tous les points de la surface de la sphère sont également éloignés du centre O.

131. On appelle rayon de la sphère une ligne droite OH menée du centre à la surface ; et diamètre, une ligne qui, passant par le centre, est terminée de part et d'autre à la surface.

132. Ainsi tous les rayons d'une sphère sont égaux ; tous les diamètres sont doubles du rayon, et par conséquent égaux entre eux.

133. Si l'on coupe une sphère par un plan, la section est un cercle. Si le plan passe par le centre de la sphère, la section est appelée grand cercle ; les autres sont nommées petits cercles. Il est évident que tous les grands cercles sont égaux entre eux, puisqu'ils ont tous pour rayon le rayon de la sphère.

134. La surface de la sphère est égale à quatre grands cercles.

Pour le prouver, nous nous appuyons sur une vérité que je me contente ici d'énoncer sans la démontrer : c'est que si dans le demi-cercle ARB on inscrit un demi-polygone régulier, la surface du solide engendré par ce demi-polygone aura pour mesure le diamètre AB multiplié par la circonférence OH.

Or, si nous supposons que ce polygone ait un nombre infini de côtés, la surface qu'il décrira se confondra avec celle de la sphère, et le rayon OH avec les rayons OM, OR, etc. On pourra donc dire que la surface de la sphère a pour mesure le produit de la circonférence d'un grand cercle multipliée par le diamètre.

Mais, un grand cercle ayant pour mesure (n° 86) la circonférence multipliée par la moitié du rayon ou le quart du diamètre, on voit que la surface de la sphère est équivalente à quatre grands cercles. (C. Q. F. D.)

135. Le volume de la sphère a pour mesure le produit de sa surface par le tiers du rayon.

En effet, supposons que par les extrémités d'un nombre infini de rayons on mène des plans qui ne fassent que toucher la sphère, ces plans formeront, par leurs intersections, un polyèdre qui se confondra sensiblement avec la sphère. Or le polyèdre, pouvant se décomposer en pyra mides qui ont toutes leur sommet au centre de la sphère, et pour base les faces perpendiculaires aux rayons, aura pour mesure sa surface multipliée par le tiers des rayons : la sphère aura la même mesure. (C. Q. F. D.)

136. On déduit des nos 125, 126, 134 et 135, ce théorème que trouva Archimède, et que l'on grava sur sa tombe (fig. 117) :

La surface de la sphère est à celle d'un cylindre circonscrit (en y comprenant les bases) dans le rapport de 2 à 3, et les volumes sont dans le même rapport. En effet, la surface totale du cylindre est égale à la somme des surfaces des bases qui sont deux grands cercles, plus la surface latérale qui est égale à la circonférence d'un grand cercle multipliée par le diamètre, ce qui fait quatre surfaces de grands cercles, et en tout six surfaces de grands cercles pour la surface totale du cylindre, tandis que celle de la sphère n'est que de quatre grands cercles. — Le volume du même cylindre est égal à la base, qui est un grand cercle, multipliée par le diamètre ; celui de la sphère est égal à quatre fois la surface d'un grand cercle multipliée par le tiers des rayons, ou à une fois la surface d'un grand cercle multipliée par les ⅔ du diamètre. Le rapport du volume de la sphère à celui du cylindre est donc aussi celui de 2 à 3.

FIN.

PARIS. — IMPRIMERIE DE J. CLAYE, RUE SAINT-BENOIT, **7.**

BIBLIOTHÈQUE PHILIPPART

100 VOLUMES

Chaque volume forme un ouvrage complet et se vend séparément.

PARIS. — TYP. J. CLAYE.